新农村建设丛书

肉牛生产技术

张国梁 秦贵信 胡成华 主编

吉林出版集团股份有限公司
吉林科学技术出版社

图书在版编目（CIP）数据

肉牛生产技术/张国梁，秦贵信，胡成华主编.
—长春：吉林出版集团股份有限公司，2007.11
（新农村建设丛书）
ISBN 978-7-80720-719-1

Ⅰ．肉… Ⅱ．张… Ⅲ．肉牛－饲养管理 Ⅳ．S823.9

中国版本图书馆 CIP 数据核字（2007）第 143163 号

肉牛生产技术

RONIU SHENGCHAN JISHU

主　编	张国梁　秦贵信　胡成华
责任编辑	赵黎黎
出版发行	吉林出版集团股份有限公司　吉林科学技术出版社
印　刷	三河市祥宏印务有限公司

2007 年 11 月第 1 版	2019 年 8 月第 10 次印刷
开本　850×1168mm　1/32	印张　4　字数　101 千
ISBN 978-7-80720-719-1	定价　17.00 元
社址　长春市人民大街 4646 号	邮编　130021
电话　0431－85661172	传真　0431－85618721
电子邮箱　xnc408@163.com	

版权所有　翻印必究
如有印装质量问题，可寄本社退换

《新农村建设丛书》编委会

主　　任　韩长赋
副 主 任　苟凤栖　陈晓光
委　　员　王守臣　车秀兰　冯晓波　冯　巍
　　　　　申奉澈　任凤霞　孙文杰　朱克民
　　　　　朱　彤　朴昌旭　闫　平　闫玉清
　　　　　吴文昌　宋亚峰　张永田　张伟汉
　　　　　李元才　李守田　李耀民　杨福合
　　　　　周殿富　岳德荣　林　君　苑大光
　　　　　胡宪武　侯明山　闻国志　徐安凯
　　　　　栾立明　秦贵信　贾　涛　高香兰
　　　　　崔永刚　葛会清　谢文明　韩文瑜
　　　　　靳锋云

肉牛生产技术

主　编	张国梁	秦贵信	胡成华	
副主编	荣海林	王国臣	吴　健	
编　者	王　羽	王国臣	刘志国	刘基伟
	刘维山	吕贵英	吴　健	张国梁
	李金龙	邵立新	陈　顺	陈淑梅
	胡成华	荣海林	秦贵信	高　超
	盖春江	腾万军	霍长宽	

出版说明

《新农村建设丛书》是一套针对"农家书屋""阳光工程""春风工程"专门编写的丛书,是吉林出版集团组织多家科研院所及千余位农业专家和涉农学科学者倾力打造的精品工程。

丛书内容编写突出科学性、实用性和通俗性,开本、装帧、定价强调适合农村特点,做到让农民买得起,看得懂,用得上。希望本书能够成为一套社会主义新农村建设的指导用书,成为一套指导农民增产增收、脱贫致富、提高自身文化素质、更新观念的学习资料,成为农民的良师益友。

目 录

第一章 现代肉牛业的特点 ·· 1
  第一节 现代肉牛业的基本构成 ····································· 1
  第二节 肉牛养殖观念的转变 ·· 3
  第三节 肉牛业的社会效益 ·· 4

第二章 肉牛品种 ··· 6
  第一节 引进的主要肉牛品种及其利用 ························· 6
  第二节 我国优秀地方良种牛 ······································· 11

第三章 肉牛的营养与能量需要 ··· 15
  第一节 肉牛所需营养成分 ·· 15
  第二节 肉牛的营养需要 ·· 20
  第三节 肉牛的能量需要 ·· 22

第四章 肉牛的消化生理 ·· 25
  第一节 肉牛消化器官的特点 ······································ 25
  第二节 肉牛消化器官的功能 ······································ 25

第五章 肉牛的繁殖 ··· 28
  第一节 肉牛的生殖生理 ·· 28
  第二节 肉牛的发情与配种 ·· 29
  第三节 肉牛的人工授精技术 ······································ 32
  第四节 肉牛的妊娠与分娩 ·· 34
  第五节 提高繁殖力的措施 ·· 36

第六章 肉牛选购与运输 ·· 39
  第一节 育肥肉牛品种的选择 ······································ 39

第二节　育肥牛个体的选择 ……………………………… 40
　　第三节　育肥牛的运输 …………………………………… 41
第七章　育肥牛场建设 …………………………………………… 43
　　第一节　育肥牛场的总体规划 …………………………… 43
　　第二节　标准化育肥牛舍的建造 ………………………… 44
　　第三节　普通养牛户牛舍建筑 …………………………… 47
　　第四节　塑料暖棚养牛 …………………………………… 48
　　第五节　牛场的环境保护 ………………………………… 49
　　第六节　粪便的合理利用 ………………………………… 50
第八章　肉牛的规范化育肥 ……………………………………… 53
　　第一节　舍饲育肥和放牧育肥 …………………………… 53
　　第二节　粗料型育肥和精料型育肥 ……………………… 58
　　第三节　持续育肥和快速育肥 …………………………… 62
　　第四节　育肥牛日粮 ……………………………………… 66
　　第五节　育肥季节及出栏适期 …………………………… 70
　　第六节　淘汰牛、老残牛的短期育肥 …………………… 70
第九章　肉牛的饲料种类及安全生产技术 ……………………… 73
　　第一节　饲料的种类 ……………………………………… 73
　　第二节　饲料的加工方法 ………………………………… 76
　　第三节　育肥牛常用饲料的加工调制 …………………… 80
第十章　肉牛屠宰与胴体分割 …………………………………… 91
　　第一节　肉牛屠宰一般工艺流程 ………………………… 91
　　第二节　肉牛屠宰设备及费用 …………………………… 96
　　第三节　胴体分割 ………………………………………… 97
第十一章　提高肉牛出栏率的措施 …………………………… 103
第十二章　肉牛常见疾病与防治 ……………………………… 105
　　第一节　炭疽病 ………………………………………… 105
　　第二节　布氏杆菌病 …………………………………… 106
　　第三节　牛巴氏杆菌病 ………………………………… 108

第四节　气肿疽 …………………………………… 109
第五节　口蹄疫 …………………………………… 110
第六节　肝片吸虫病 ……………………………… 112
第七节　牛皮蝇蛆病 ……………………………… 113
第八节　瘤胃积食 ………………………………… 114
第九节　瘤胃鼓胀症 ……………………………… 115
第十节　胃肠炎 …………………………………… 116
第十一节　流行性感冒 …………………………… 117

第一章 现代肉牛业的特点

第一节 现代肉牛业的基本构成

随着社会的发展,社会分工越来越完善,现代肉牛产业所涉及的部门越来越多,其中主要包括肉牛品种的选育机构、繁殖改良中心、肉牛养殖户(包括母牛养殖户、育肥大户)、检疫站、屠宰户或屠宰场(包括牛胴体和牛肉分割车间)、牛肉产品专卖店等单位。

从1974年国家有计划地引进国际肉牛品种至今,我国的肉牛产业发生了翻天覆地的变化。老残牛作为菜牛出售的时代已一去不复返,取而代之的是专门化的育肥牛品种,专业化的育肥牛生产技术和专家级的饲养管理水平。肉牛品种的引入、扩繁,配套系的制种及其推广已经成为肉牛业一体化不可分割的重要部分。胚胎工程已经纳入良种制种体系,人们对高科技在肉牛育肥中所起的作用给予充分的肯定。如一个皮埃蒙特牛的冷冻胚胎,价值高达1万元(1300美元),就是个极具代表性的说明。

肉牛品种的选育机构是肉牛业的启明星,他们对世界肉牛品种、肉牛业的发展方向等诸多因素进行系统、科学的分析,确定肉牛业未来的发展方向,并在宏观上进行指导。他们通过长期、系统的试验研究,选出育肥效果明显的肉牛品种,并向广大育肥牛生产者提供优质的冷冻精液。

省、地、县三级的家畜繁育指导站、冷冻精液站和输精网点,以及乡镇个体经营的配种点,利用优秀种牛的冷冻精液,采用人工授精和胚胎移植等手段对当地牛群进行品种改良,保证肉牛养殖户能够饲养品质优良、增重快的优质肉牛。

此时的养殖户可分为母牛养殖户和架子牛育肥户。母牛养殖户主要依靠出售公犊牛或阉牛获得利润,架子牛育肥户主要收购架子牛,然后通过短期快速育肥,出售育肥牛盈利。肉牛育肥户包括初级育肥专业户和强度育肥户两种。一般初级育肥户饲养3～5头公犊,无论是放牧或舍饲,养到300～350千克体重出售。强度育肥专业户,其中规模小的为几十头牛,一般是数百头牛,规模大的为数千头到万头牛以上。

检疫系统是现代肉牛业的重要组成部分,肉牛的育肥、屠宰、牛肉产品的深加工以及销售过程,都要严格执行卫生检疫标准。肉牛卫生检疫系统是保障肉牛业健康发展的屏障。

育肥牛经过动物检疫部门检疫合格之后销售到具有排酸、嫩化和高档牛肉分割车间的屠宰场进行屠宰和牛肉产品的深加工。

牛肉产品经过加工后,在牛肉专卖店或者市场中销售。

上述体系中,肉牛业的各个生产户或经营户是各谋其业的,他们之间的关系是商品交易关系。从提供架子牛开始到高档牛肉分割肉上市,是一个不同层次的产品销售过程,其利润率都是后一步高于前一步,最后一步销售实现最高效益。因此,肉牛业生产体系中的龙头企业主要从事高档牛肉分割、销售。这里最重要的经营原则是摆好龙头与龙尾的关系,才能取得高效益。就像一棵茂盛的大树,其中经营高档牛肉的销售单位是树冠,而饲养母牛的养殖户是树根。树冠单位必须保护树根单位,利润要考虑给树根,扶植,才能根深叶茂,因此在市场经营的机制下要有合作方式。养牛属农,宰割属工,销售属贸,农工贸成为有机的整体时,肉牛业才能高效发展。

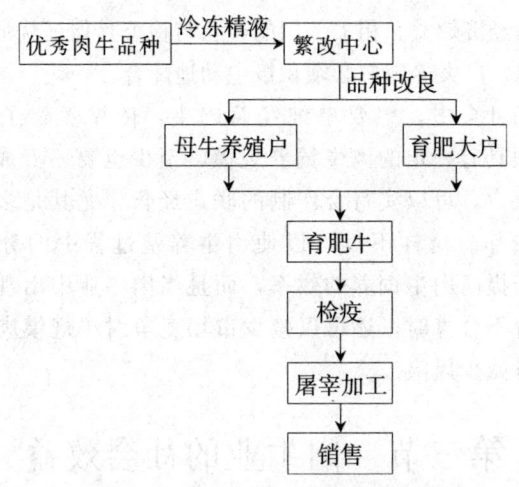

图 1-1　现代肉牛业的主要构成情况

第二节　肉牛养殖观念的转变

1949年以前我国农民养牛的观念相对落后，他们不考虑肉牛的品种，不按照科学的方法饲养肉牛，牛舍的卫生防疫也不够严格。肉牛品种改良、育肥牛日粮配制、粗饲料加工调制、市场架子牛买卖及检疫等，一直被看成是由行政部门提供的服务。只有少部分农民愿意在这些方面投入资金。农民养牛不把自己的劳动计算在饲养成本以内，粗料也不计成本，出售牛获利主要来自这两项。勤劳的农民，在一户养一头母牛的情况下，按照一年产一犊计算，售价好也只能得到1000多元，靠养牛致富是比较难的。如果乳肉兼用，会稍好一些。

1949年后，随着国家对畜牧业尤其是肉牛业的逐步重视，人们已经意识到肉牛产业的巨大发展潜力，广大肉牛养殖户的经营理念已经逐渐转变。在相同的饲养条件下，优秀的肉牛品种的产肉量多、屠宰率高、牛肉质量好、销售价格高。肉牛养殖户严格按照肉牛营养需要配制经济合理的饲料，采用科学的饲养管理方法，这样也可以提高经济效益。相关部门的检验与检疫是保证优质产品优质优价的前提，广大养殖户必须积极主动地配合。

在商品社会中，想要单纯经营肉牛，依靠卖架子牛致富的话，还必须具有一定的肉牛饲养规模，至少也要三五成群。没有条件的养殖户，可以实行合作制的联户经营，尤其是多种肉牛经营户统一协作。这样不仅可以使肉牛养殖过程中的分工更加细化，有利于提高肉牛饲养的效率，而且当肉牛业中出现竞争或者料肉的比价不合算时，还可以减少市场竞争对小规模肉牛养殖户的冲击，可减少风险。

第三节 肉牛业的社会效益

肉牛业是畜牧业的重要产业部门之一，它不仅可以创造惊人的经济效益，还具有很多社会效益。

一、节约粮食资源，改善农村环境

肉牛业是典型的"节粮型"产业。和其他家畜相比，肉牛可以利用其他家畜无法利用的秸秆资源，为人类节约大量的粮食。被肉牛采食的秸秆资源经过消化吸收作用，最终实现"过腹还田"，还可以增加土壤的肥力，可谓变废为宝，一举两得。通过养殖肉牛，改变了过去农民随便丢弃、堆放、焚烧秸秆的现象，改善了农村环境，减少了因焚烧引起的环境污染等情况。

二、促进三元种植结构的发展

三元种植结构是指包括粮食作物、经济作物和饲料作物的种植业经营方式。如华北地区一个五口之家的农户，拥有6亩（亩为非法定计量单位，1亩=1/15公顷）耕地，2亩种经济作物棉花，4亩种粮，两季轮作倒茬，以亩产计算，可获4吨粮食。若以人均年耗粮200千克计算，五口人只需1吨。其余3吨为商品粮，价值大约3000元。这些耕地所产的秸秆能满足一个耕牛的饲养需要，但摆脱不了小农生产水平。如果将粮食分为人用谷物和畜用谷实，畜用部分又扩展为整株高蛋白作物，如籽粒苋，一亩优质饲料鲜草产量达9000千克以上，蛋白质产量达280千克，其能量或蛋白质产量是一般玉米的3倍。种4亩这样的耕地可以达到种一般粮食作物12亩的总产量，即等于增加了8亩耕地，且不影响轮作和提供商品粮。此时这个农户可以每年养4头牛，粗料自足，其蛋白质水平也有所提高。这样的三元种植结构就可以在很大程度上提高经济效益。

三、增加农民就业

肉牛业的屠宰分割企业多数建在农村或城市近郊，其生产线是高附加值部分，需要有一定文化知识和生产经验的工人，当前农村劳动力基本符合这一条件。这样就促进了农村劳动力向食品工业部门的转化，促使农民增收，加速我国农村健康、和谐发展。

四、促进相关产业发展

由于许多综合性肉牛养殖场的落成，它们在其他城市选择牛源，运输到养殖场后集中育肥，致使肉牛的移地育肥更加成熟，同时带动了饲料生产、交通运输等多个产业的发展，其社会效益明显。

第二章 肉牛品种

第一节 引进的主要肉牛品种及其利用

我国从国外引进的主要肉牛品种始于20世纪初,但大部分都是1949年后才引进的。以下介绍的肉牛品种都是在我国存量较多和对我国的肉牛品种培育、改良起到了较大作用的。

一、西门塔尔牛

西门塔尔牛原产于瑞士西部阿尔卑斯山区,原为役用品种,因社会经济发展的需要,经过长期选育,形成了乳肉兼用品种。如今西门塔尔牛成为世界第二大品种牛,总头数达4000多万头,是肉用牛中最大的品种之一。

西门塔尔牛额部较宽,公牛角平出,母牛角多数向外上方伸曲。体躯硕长,肋骨开张,胸部宽深,尻长而平,四肢粗壮,大腿肌肉丰满,乳房发达。毛色多为红白花、黄白花,肩部和腰部有条状大片白毛。头白色,前胸、腹下、尾帚和四肢下部为白色。成年公牛体重1000~1300千克,母牛体重600~800千克。

西门塔尔牛的典型特点是适应性强,耐粗放饲养管理,易放牧,不仅具有良好的肉、乳用性,而且挽力大,役用性能好,适于在多种不同地貌和生态环境地区饲养。犊牛在放牧条件下日增重可达800克,在舍饲条件下可达到1000克,1.5岁时体重都在440~480千克范围内。公牛肥育后的屠宰率达65%,母牛在半肥育的情况下,屠宰率达53%~55%。

西门塔尔母牛常年发情,发情周期18~22天,发情持续期20~36小时,一般发情期受胎率在69%以上,妊娠期284天。

西门塔尔牛在我国主要是作为杂交父系使用，对改良我国的地方品种牛效果明显。在东北、内蒙古、新疆、四川等地区已发展成纯种繁育体系，2000年育成中国西门塔尔牛。

二、夏洛来牛

夏洛来牛是著名的大型肉用品种，原产于法国中部的夏洛来和涅夫勒地区。其种牛在我国东北、华北地区及江苏、安徽、湖北、山西、宁夏、新疆等13个省市自治区有分布。

夏洛来牛体躯高大强壮，属大型肉牛品种。额宽脸短，角中等粗细，向两侧或前方伸展，胸深肋圆，背厚腰宽，臀部丰满，肌肉十分发达，身躯呈圆筒形，后腿部肌肉尤其丰厚，常形成"双肌"特征。公牛常有双鬐甲或凹背的弱点。牛角和蹄呈蜡黄色。鼻镜、眼睑等为肉色。毛色为乳白色或浅乳黄色。

夏洛来牛有两大特点，一是早期生长发育快，15月龄以前的日增重超过其他品种，可以在较短的时期内以低廉的成本生产出最大限度的肉量。二是瘦肉多、脂肪少，屠宰率一般在60%～70%、胴体净肉率在80%～85%。高屠宰率与夏洛来牛具有双肌肉基因有关，但是这种肌肉度过大的母牛易发生难产。

据法国的测定表明，夏洛来牛在良好的饲养管理条件下，6月龄公犊体重达234千克、母犊体重达210.5千克，平均日增重公犊1.0～1.2千克、母犊1.0千克。12月龄公犊体重达525千克、母犊体重达360千克。18月龄时分别达到658千克和448千克。阉牛在14～15月龄时体重达495～540千克，最高达675千克，在肥育期的日增重为1.88千克。

夏洛来母牛平均产奶量为1700～1800千克/年，个别牛达到2700千克，乳脂率为4.0%～4.7%。

在繁殖方面母牛出生后396天开始发情，在长到17～20月龄时可配种，但这一时期难产率高达13.7%，因此在原产地将配种时间推迟到27月龄，要求配种时母牛体重达500千克以上，约在3岁时产犊。

在中国，夏洛来牛主要是用来对地方品种牛进行改良。杂交一代增重效果非常明显，作为西门塔尔改良牛轮回杂交的二代父本，效果更加显著。

三、利木赞牛

利木赞牛是法国第二大专门化大型肉牛品种，因在法国中部利木赞高原育成而得名。我国于1974年首批引进。目前东北三省、华北四省、山东、安徽、湖北、四川、陕西、甘肃、宁夏等省（区）均有种牛存栏或冻精和胚胎出售。

利木赞牛体型小于夏洛来牛，骨骼较夏洛来牛细致，肩峰隆起，肌肉充实，胸躯部肌肉特别发达，肋弓开张，背腰壮实，后躯肌肉明显，四肢强健细致。公牛角向两侧伸展并略向外前方挑起，母牛角不发达，向侧前方平出。毛色多红黄为主，腹下、四肢内侧、眼睑、鼻周、会阴等部位色变浅，呈肉色或草白色。蹄为红色。

利木赞牛是最好的肉用品种之一，在世界上数量呈增长趋势，主要特点是比较耐粗饲，生长快，单位体重的增加需要的营养较少，胴体优质肉比例高，大理石状的形成较早，母牛很少难产，容易受胎，在肉牛杂交体系中起着良好的配套作用。体早熟是利木赞牛优点之一，在良好的饲养条件下，公牛10月龄能长到408千克，12月龄达480千克。

母牛难产率极低是利木赞牛的另一优点，无论与任何肉牛品种杂交，其犊牛出生重都比较小，一般要轻6～7千克。利木赞母牛具有很大的优势，一般其难产率只有0.5%。其初产牛的顺产率高，为杂交体系提供了方便，为当今高效肉牛所必需。

四、安格斯牛

安格斯牛是英国最古老的肉用品种之一，原产地在苏格兰北部的阿伯丁、金卡丁和安格斯郡。该牛属早熟中小型肉牛品种，是世界上主要养牛国的主养品种之一。我国先后从英国、澳大利亚和加拿大等国引入，目前主要分布在新疆、内蒙古、东北、山东等地。在美国的肉牛总头数中安格斯牛占1/3。

安格斯牛无角，全身被毛黑色，故又被称为"无角黑牛"，在美国有经过选育育成的红色安格斯品种。安格斯牛体格低矮，体质紧凑、结实。头小而方正，头额部宽，额顶突起，颈中等长，背线平直，腰荐丰满，体躯呈圆筒状。四肢短而端正。体躯平滑丰润，皮肤松软，富弹性，被毛光亮滋润。少数牛的腹下、脐部和乳房有白斑。

成年安格斯母牛体高122厘米，体斜长144厘米，胸围190厘米，管围19厘米，胸深68厘米，胸宽45厘米，臀宽52厘米，体重平均为500千克。公牛成年体重700～750千克，在美国和加拿大被选育成大型牛种，但体高仍比较矮。安格斯公犊6月龄断奶体重为198.6千克，母犊为174千克。安格斯牛出肉率高，胴体品质好，屠宰率一般60%～65%，12月龄屠宰牛的眼肌面积达32.5平方厘米，肉质呈大理石状。

安格斯牛早熟易配，12月龄性成熟，常在18～20月龄初配，在美国育成的较大型的安格斯牛可在13～14月龄初配。产犊间隔短，一般都是12个月左右，连产性好，极少难产。对环境的适应性强，抗寒、抗病、耐粗饲，性情温和。由于无角，而且其杂交后代也无角，便于放牧管理。

五、短角牛

短角牛是英国最古老的肉用品种之一，分布于世界各地，是国际肉牛业的主要品种。我国自20世纪初开始多次引入兼用型牛，1973年开始引入肉用型，目前分布在吉林、辽宁、内蒙古、河北、宁夏和云南等省（区）。

肉用短角牛体型呈矩形，经强度育肥的牛更为突出，背宽胸深。短角牛头短、额宽、脸窄、角细且由两侧向前伸出，颈短多肉，鬐甲宽厚，肋骨拱圆，四肢短。毛色多深红或酱红，部分为沙毛，即白色与红色共显性毛色，或白色。3岁公牛体高平均为139.1厘米，范围在135～149厘米，体斜长为179.6厘米

（167～195厘米），胸围达227.6厘米，范围在214～235厘米，体重达847.8千克（688～1020千克）。

育肥牛屠宰率为65%，胴体皮下脂肪特别厚，可达2～3厘米，腔内脂肪过多，由于肌间脂肪过多，其分割肉在西方牛肉市场上已不受欢迎，在肉牛业中已退居次要地位，但该品种的一些优良性状对我国地方品种牛的改良效果较好，如我国的中国草原红牛就是以该牛作为父系育成的。

六、丹麦红牛

丹麦红牛属乳肉兼用型品种牛。全身被毛紫红色，鼻镜、眼圈多为黑灰色。成年公牛体重1050千克，母牛675千克。该牛的特点是产奶量高，乳脂率高，乳蛋白率高，平均分别为6700千克、4.21%和3.3%。

丹麦红牛适应性好，抗热耐寒，采食能力强。应用丹麦红牛在我国河南、陕西、甘肃、宁夏、福建等地对当地品种进行改良，普遍反映效果良好。

七、海福特牛

海福特牛是英国最古老的肉用品种之一，原产于英格兰岛西部的海福特郡。早在18世纪中叶，随着英国工业革命的发展，对肉品的社会需求急剧增加。海福特牛就是在这种条件下，由当地牛经长期向肉用方向选育而成的品种之一。

海福特牛体型宽深，前躯饱满，颈短而厚，垂皮明显，中躯肥满，四肢短，臀部宽平，皮薄毛细，分有角和无角两种，角呈蜡黄色或白色。公牛角向两侧伸展，向下方弯曲，母牛角尖向上挑起。毛色为暗红色，亦有橙黄色，具"六白"特征，即头部、垂皮、颈脊连鬐甲、腹下、四肢下部和尾帚6个部位为白色。

英国早期海福特牛属中等体型，成年公牛体高134.4厘米，体重850～1100千克，母牛分别为126.0厘米和600～700千克。犊牛初生重32～34千克。

我国于1974年首批从英国引入海福特牛，海福特牛属中矮型，对本地牛高度改进不明显，未引起重视。1995~1996年从北美引进大型海福特牛，改良工作重又起动，有希望成为中国肉牛的有效配套品种。

第二节 我国优秀地方良种牛

我国黄牛品种多，分布广。据《中国牛品种志》不完全收录，品种达28个，还不包括育成品种。我国黄牛依产地、体型大小和品种特征的不同，分为中原黄牛、北方黄牛和南方黄牛三大类。其中，中原黄牛中的秦川牛、南阳牛、鲁西牛、晋南牛和北方黄牛的延边黄牛被誉为我国五大良种牛。我国黄牛数千年来基本上只作役畜，20世纪80年代以后，开始本品种选育和应用导入杂交方法，来提高生产性能。经育肥的地方良种牛，肉质好、风味独特，在市场上很受欢迎，其不足是产肉量相对较低。

一、中国草原红牛

中国草原红牛是1949年后培育的乳、肉兼用型品种牛。草原红牛育种核心群主要分布在吉林省白城地区，内蒙古赤峰市、锡林郭勒盟、河北张家口、张北等地。

中国草原红牛头清秀，角细短，向上方弯曲，呈蜡黄色，有的无角。颈肩结合良好，胸宽深，背腰平直，后躯欠发达。四肢端正，蹄质结实。乳房发育良好。毛色以紫红色为主，红色为次，少数个体胸、腹、乳房部为白色。尾帚有白色。

在繁殖性能上，早春出生的牛发育较好，14~16月龄即发情，夏季出生的母牛要达到20月龄才发情，但一般为18月龄。发情周期为21.2天（吉林报道、内蒙古报道为20.1天）。母牛全年发情，一般情况在每年4月份开始发情比例增多，到6~7月份为旺季。妊娠期平均283天。自然放牧条件下，营养条件不足，但繁育群仍有相当好的经济性状。

从1987年开始吉林省农科院的育种专家，在吉林省通榆县三家子种牛繁育场利用导入杂交方法，导入丹麦红牛基因，来提高产奶量。1994年开始导入利木赞牛基因，来提高产肉量。目前已经培育出含1/4丹麦红牛血草原红牛2700多头，含1/4利木赞血草原红牛1300多头。在放牧加补饲的条件下，母牛年平均产奶量为3106千克。断奶小公牛持续育肥日增重1100克以上，18月龄出栏体重达500千克以上，屠宰率为59.2%、净肉率为49.2%。

二、秦川牛

秦川牛属较大型的役肉兼用品种，主产于陕西省关中地区，在体型外貌上，体格较高大，骨骼粗壮，肌肉丰满，体质强健。头部方正，肩长而斜。胸部宽深，肋长而开张。背腰平直宽长，长短适中，结合良好。荐骨部稍隆起，后躯发育稍差。四肢粗壮结实，两前肢相距较宽，蹄叉紧。公牛头较大，颈粗短，垂皮发达，鬐甲高而宽。母牛头清秀，颈厚薄适中，鬐甲低，窄角短且钝，多向外下方或向后稍弯。公牛角长14.8厘米，母牛角长10厘米。毛色为紫红、红、黄色3种，亦有黑色、灰色和黑斑点的，角呈肉色，蹄壳分红、黑和红黑相间3种颜色。

在生产性能上，18月龄出栏肥育公牛平均屠宰率为58.3%，净肉率为50.5%。肉细嫩多汁，大理石花纹明显。

在繁殖性能上，秦川母牛常年发情，在中等饲养水平上，初情期为9.3月龄。成年母牛发情周期为20.9天，发情持续期平均39.4小时。妊娠期285天。秦川公牛一般12月龄性成熟，2岁左右开始配种。

三、南阳牛

产于河南省南阳市白河和唐河流域的平原地区，南阳牛在中国黄牛中体格最高大，分高脚、短脚和矮脚3种类型。

在体型外貌上，南阳牛属较大型役肉兼用品种，体格高大，肌肉较发达，结构紧凑，体质结实，皮薄毛细，鼻镜宽。公牛角基粗壮，母牛角细。鬐甲隆起，肩部宽厚，背腰平直，肋骨明显,荐尾略高,尾细长。四肢端正而较高,筋腱明显,蹄大坚实。公牛头雄壮,额微凹,脸细长,颈短厚稍呈弓形,颈部皱褶多,前躯发达。母牛后躯发育良好。毛色有黄、红、草白,面部、腹下和四肢下部毛色浅。鼻镜多为肉红色,部分有黑点。

在生产性能上,经强度肥育的阉牛体重达510千克时宰杀,屠宰率达64.5%,净肉率达56.8%。育肥牛肉质细嫩,颜色鲜红,大理石纹明显。

在繁殖性能上,南阳牛较早熟,有的牛不到1岁即能受胎。母牛常年发情,在中等饲养水平下,初情期在8~12月龄。初配年龄一般在2岁左右。发情周期17~25天,平均21天。发情持续期1~3天。妊娠期平均289.8天,范围为250~308天。怀公犊比怀母犊的妊娠期长4.4天。产后初次发情约需77天。

四、鲁西牛

产于山东省西部,中心产区为济宁、菏泽两市。该牛以优质育肥性能著称。

在体型外貌上,鲁西牛体躯结构匀称,细致紧凑,为役肉兼用型。公牛垂皮发达,肩峰高而宽厚,胸深而宽,后躯发育差,尻部肌肉不够丰满,体躯呈前高后低的体型。母牛鬐甲低平,后躯发育较好,背腰短而平直,尻部稍倾斜。公牛毛色较母牛的深。

在生产性能上,据屠宰测定的结果,18月龄的阉牛平均屠宰率为57.2%,净肉率为49.0%。成年牛平均屠宰率为58.1%,净肉率为50.7%。肌纤维细,肉质良好,脂肪分布均匀,大理石状花纹。

在繁殖性能上,母牛性成熟早,一般10~12月龄开始发情。发情周期平均22天,范围为16~35天,发情持续期2~3天。妊娠期平均285天,范围为270~310天。产后第1次发情平均为35天,范围为22~79天。

五、晋南牛

晋南牛产于山西省西南部汾河下游的晋南盆地,高大,体质结实。公牛头中等长,额宽,顺风角,颈短而粗,背腰平直,臀端较窄,蹄大而圆,质地致密。母牛头清秀,乳房发育不足,乳头细小。被毛以红色和枣红色为主,鼻镜和蹄壳为粉红色。

在生产性能上,晋南牛在中、低水平下肥育,日增重为455克。成年牛肥育后屠宰率平均为52.3%,净肉率为43.4%。泌乳期平均产奶量745千克,乳脂率为5.5%～6.1%。

在繁殖性能上,母牛一般9～10月龄开始发情,在2岁配种。产犊间隔14～18个月。怀公犊妊娠期为291.9天,怀母犊为287.6天。

六、延边黄牛

原产于东北三省东部的狭长地带,分布于吉林省延边朝鲜族自治州的延吉、和龙、汪清、珲春等县市,黑龙江和辽宁两省的相邻地区也有分布。

延边牛是朝鲜牛和当地牛长期杂交、经精心培育形成的品种,在培育过程中,也导入过蒙古牛和乳用品种的血液。该牛品种被毛长密,抗寒性好,耐粗饲,抗病力强。牛体躯较长,胸部宽深,骨骼结实,四肢粗短。被毛呈浓、淡不同的黄色。

在生产性能上,延边牛初生公犊重22.5千克,母犊重19.6千克;成年公牛重465千克,母牛重365千克。其体型和体重大小是我国五大良种牛中较低的。公牛自18个月龄起育肥6个月,日增重达0.81千克;24月龄屠宰时,屠宰率为57.7%、净肉率为47.2%。

在繁殖性能上延边牛初情期为8～9月龄,性成熟在13～14月龄。母牛常年发情,发情停止后立即配种时受胎率最高。泌乳期一般6～7个月,产乳量达500～700千克。

第三章 肉牛的营养与能量需要

第一节 肉牛所需营养成分

一、水

一切生命都离不开水,水是生命体组成部分,是生理作用的重要物质,水在牛体内占的比重极大,如在新生牛犊体内水占74%,而牛奶中占86%左右。水对其他营养物质具有消化、运输、吸收、促进代谢产物的排出等作用,是体内各种反应的媒介,对体温调节有重要作用。肉牛长期饮水不足,会影响生长,甚至危及生命。饮水量因牛年龄、体重和天气而异,有不同的需要,其用量见表3-1。

表3-1 牛饮水量与年龄、体重的关系

年龄	体重(千克)	饮水量(升)
4周	50	5.0~5.5
8周	70	5.5~7.5
12周	90	8.0~9.0
16周	110	10.0~13.0
20周	150	15.0~17.0
26周	190	17.0~23.0
60周	350	13.0~30.0
84周	460	30.0~40.0
1~2岁	450~550*	30.0~40.0
2~8岁	550~900**	20.0~40.0

*育肥;**放牧

二、粗蛋白质

蛋白质是生命物质的基础,它是由各种氨基酸构成的复杂的有机化合物,蛋白质在牛体内的沉积是导致肉牛增重的最主要原因。牛可以直接吸收饲料中的蛋白质,还可以通过瘤胃微生物直接利用一些含氮物质合成菌体蛋白。

(一) 粗蛋白 (CP)

一般饲料的平均含氮量为16%,其计算公式为:

$$粗蛋白(CP)\% = \frac{氮重量 \times 6.25}{饲料样品重量} \times 100$$

(二) 非蛋白氮 (NPN)

可以被牛直接利用的一些含氮的物质,如尿素。

三、粗脂肪

粗脂肪是饲料中三大有机物之一,单位重量的粗脂肪是同数量蛋白质或碳水化合物的2.25倍。脂肪是牛体的重要组成成分,是脂溶性维生素吸收和利用的溶剂,直接影响牛肉的品质。

四、碳水化合物

碳水化合物一般指糖类和粗纤维,是饲料中含量最多、来源最广的一种营养物质,在精饲料中含量都很丰富。碳水化合物供给牛生命活动所需要的大部分能量,同时它还是形成牛体内脂肪的重要物质,是瘤胃细菌发酵的能量来源。

五、矿物质

矿物质(又称无机盐),牛体内无机物的总称。矿物质是无法自身产生、合成的。根据牛对不同元素的需要量不同,可分为常量元素和微量元素。常量元素如钠(Na)、氯(Cl)、钙(Ca)、磷(P)、镁(Mg)、钾(K)、硫(S)等。微量元素如铬(Cr)、钴(Co)、铜(Cu)、氟(F)、碘(I)、铁(Fe)、锰(Mn)、钼(Mc)、镍(Ni)、硅(Si)、硒(Se)、锌(Zn)等。

矿物质和酶结合,帮助代谢。酶是新陈代谢过程中不可缺少的蛋白质,而使酶活化的是矿物质。如果矿物质不足,酶就无法正常工作，代谢活动就随之停止。矿物质如果摄取过多，容易引起过剩症及中毒，所以一定要注意矿物质的适量摄取。

(一) 常量元素

1. 食盐（氯化钠）　是由 Na^+ 和 Cl^- 组成。每100毫升血浆中含 Na^+ 和 Cl^- 分别为370毫克和330毫克。Na^+ 是调节组织中渗透压的元素，对传导神经冲动和营养物质吸收起重要作用。Cl^- 在胃中形成盐酸，并激活许多消化酶进行消化。Na^+ 和 Cl^- 一起参与尿和汗的排泄。

食盐缺乏时牛食欲减退，被毛粗糙，目光呆滞，影响正常生长，严重时甚至引起死亡。

2. 钙　动物体内98%的钙沉积在骨骼和牙齿中。血钙含量约为10毫克/100毫升，血液中的钙基本只存在于血浆中。

血钙缺乏导致心跳减慢，导致产后母牛昏迷。生长中的犊牛因缺钙会形成佝偻病，钙过多会引起磷和锌的吸收不足，引起尿石症。

3. 磷　是脂肪代谢的必要成分。草食动物最易造成磷缺乏。

缺磷也会引起佝偻病，降低繁殖能力。牛的钙磷需要量之比为 1：(2～1)。

4. 镁　主要存在于骨中，约占60%，其余在软组织及体液中。镁参加高能磷酸盐的代谢，并对一些酰酶起活化作用。镁还参与骨组织的形成。

镁缺乏引起血压降低、神经兴奋和四肢抽搐，在泌乳阶段尤为重要。

5. 钾　主要存在于肌肉和奶中，牛一般不缺钾，因为牧草中很多，但吸收过多会妨碍钙的吸收。

6. 硫　是以蛋氨酸和胱氨酸等形式存在。在毛中含量很高，也是维生素 B、(硫胺素) 和维生素 H（生长素）的组成成分。胰岛素和谷胱甘肽等能量代谢的调节剂都含硫，为必需元素。

（二）微量元素

1. 钴 动物不需要无机态的钴，只需要体内不能合成的有机钴维生素 B_{12}。钴是瘤胃微生物繁育和合成维生素 B_{12} 的必需元素，因此钴的添加是十分必要的。牛饲料中钴含量为百万分之零点一即够。缺钴则牛毛倒立，皮肤脱屑，母牛乏情，流产，食欲不振，消瘦。饲料中含钴低于 0.07 毫克/千克时会出现钴缺乏症。

2. 铜和铁 牛体内含铁为 50～60 毫克/千克，铜主要集中在动物的肝脏中，牛含铜 100～400 毫克/千克（DM）。它们共同参与血红蛋白的组成。大量存在于肝和脾中，对氧的代谢、过氧化酶的作用、肌肉和神经作用都十分重要，为代谢所必需。缺铜易引起腹泻，缺铁易引起贫血。

3. 氟 摄入的氟 60%～80% 以氟磷灰石形式沉积于骨和牙齿中。一般情况肉牛不缺乏氟，但缺乏时影响泌乳。多氟则影响钙磷代谢，使骨质疏松，牙齿松动，对产犊母牛影响尤为严重，解除氟中毒要多加磷酸钙类添加剂。水中氟含量超过 3%～5% 会出现中毒症状，产奶母牛往往引发佝偻病。严重时出现肋骨和尾骨软化，肢骨疏松症状。

4. 碘 牛体内 70%～80% 的碘存在于甲状腺中，少量地存在于肾、唾液腺、毛发、胃、皮肤、乳腺和卵巢之中，含碘量适中可缓解以上器官的病情，并降低患病机会。缺碘则甲状腺肿大，生长缓慢，皮肤干燥，毛发易脆，妊娠母牛出现流产、死胎和发情异常。喂碘盐是最好的补充方法。

5. 硒 硒是与维生素 E（生育素）共同作用于繁殖的元素，缺硒易引起不孕。犊牛缺硒表现为白肌病，缺硒对肥育牛生长也有不利影响。适宜的饲料含硒量为 0.1 毫克/千克。

六、维生素

维生素是一类动物代谢所必需的需要量甚微的低分子有机化合物。优质牧草中通常含有丰富的维生素 A、维生素 D 和维生素

E，因此牛一般不缺乏维生素。牛瘤胃中的微生物能合成B族维生素和维生素K，在组织中可以合成维生素C。当家畜没有充分的光照或干草晒制时阳光不足会引起维生素D不足。幼犊饲喂代乳品和牛只饲喂大量青贮料时，必须补饲各种维生素。高产牛多需要添喂维生素补剂。按维生素存在于水或脂肪中的不同，分为脂溶性和水溶性两大类，具体如下：

（一）脂溶性维生素

包括维生素A、维生素D、维生素E和维生素K。因这些维生素都溶于脂肪而得名，在畜体内贮存有相当数量。

1. 维生素A 主要来源于动物产品，通常以酯的形式存在于动物体内。它与视觉、繁殖、上皮组织、骨骼的生长发育以及癌的发生都有关。

维生素A缺乏会引起生长阻滞、食欲丧失、腹泻、夜盲、眼干、消瘦、神经失调、怀孕期缩短、胎衣滞留、产死胎、产盲犊及牛的受孕力降低等。维生素A过量可造成骨骼畸形、听神经和视神经受损，及皮肤发炎等。反刍动物维生素A超过需要量的30倍才会出现中毒。

2. 维生素D 有维生素D_2和维生素D_3两种活性形式。维生素D的功能是促进肠道磷钙的正常吸收，消除肾脏内的磷酸盐及改进锌、铁、钴和镁等矿物质的吸收效果。

维生素D缺乏时引起骨质疏松症、佝偻病等。维生素D过量会引起钙在心脏、血管、关节、心包或肠壁过度沉积，导致心力衰竭、心血管及泌尿系统疾病。

3. 维生素E 是一种生育酚，共有8种，以α-生育酚和生育三烯酚为最常用。植物油、初乳和禾本科植物的芽胚中含有丰富的维生素E。初乳的维生素E是提高初生犊儿免疫力的因素之一。维生素E还有抗毒、抗肿瘤和抑制亚硝基化合物形成的作用，且能保护维生素A。

维生素E和硒有密切的关系。硒能防止维生素E缺乏的动物不发生肝病,并能共同保护心肌和骨骼肌,使犊牛不患白肌病。

4. 维生素K 也称抗凝血素。广泛地存在于干绿的多叶质饲料中,如维生素 K_1(叶绿甲基萘醌)。瘤胃能合成足够的维生素 K_2(聚异戊烯甲基萘醌)。维生素K存在于凝血酶中,与磷钙代谢、谷氨酸代谢有关。

维生素K缺乏会延长凝血时间,引起出血症。发霉的草木樨中含双香素,能颉颃维生素K,引起出血症。大量磺胺药,会破坏消化道维生素K的合成。

(二) 水溶性维生素

B族维生素和维生素C都属于水溶性维生素。这类维生素都溶于水。

1. B族维生素 成年牛的瘤胃中微生物可合成B族维生素。犊牛在6周龄后,瘤胃内微生物发酵也可以形成足量的B族维生素。B族维生素包括维生素 B_1(硫胺素)、维生素 B_2(核黄素)、维生素 B_6(吡哆醇)和维生素 B_{12}(钴胺素)。只要给牛喂以充分的蛋白质,为瘤胃微生物提供足够的氮素,一般不会缺乏。

2. 维生素C 又称抗坏血酸。牛体组织有合成维生素C的能力,通常不发生坏血症。

第二节 肉牛的营养需要

肉牛采食饲料后,进行消化吸收,没有被吸收利用的养分随粪尿以及汗液等排出体外。吸收的营养物质提供的能量有的用来维持生命基本需要,有的用来提供生长或繁殖需要。

一、维持需要

维持需要是指成年动物在维持体重不变的情况下,分解代谢与合成代谢处于零平衡,体内营养素周转保持动态平衡,各项生理功能保持正常所需的养分。这是一种理想化的状态,成年的不配种的公牛和不怀孕又不泌乳的母牛,比较接近维持需要,但实际上并不存在。

通常情况下牛所采食的营养有 1/3～1/2 用在维持上。

二、生长需要

牛的生长需要主要包括维持和增重的营养需要，即肉牛在保持自身的维持需要的前提下，还需要一部分营养以满足牛体躯骨骼、肌肉、内脏器官及其他部位体积增加，这个总的需要就是生长需要。肉牛的饲养就是合理地提供动物生长所必需的营养物质，从而生产牛肉及牛肉产品。生长需要达到育肥牛的要求时，育肥牛肌肉间、皮下和腔脏间脂肪开始逐步存积，肉的风味、柔嫩度、产量等级以及销售等级得到改善。无论是拍卖、展销，还是屠宰，膘情丰满的个体在价格上都占有优势。

三、繁殖需要

肉牛的繁殖需要包括母牛的繁殖需要和种公牛的繁殖需要。

母牛的繁殖需要是指母牛能正常生育所需的营养。这包括使母牛不过于消瘦导致奶量不足，致使被哺育的犊牛体重小而衰弱的营养需求和母牛在最后 1/3 怀孕期增膘，以利产后再孕的营养需求。母牛的繁殖需要不足会影响犊牛的育肥效果，最终影响育肥户的经济效益。当母牛的能量供应不足时会出现产后体膘恢复慢，发情较少，受孕率降低。蛋白质不足使母牛繁殖能力降低，延迟发情，犊牛初生重减轻。碘不足造成犊牛出生后衰弱或死胎。维生素 A 不足使犊牛畸形、衰弱，甚至死亡。

种公牛在繁殖中的作用主要是生成精子，并使母牛卵子受精。所以，只要保持种公牛体格健壮、性欲旺盛、配种能力强、精子活力高即可。能量水平不足可导致种公牛性器官功能降低和性欲减退，过高的能量水平会使其体况偏肥，性功能减退。蛋白供应量不足会影响精子形成并减少射精量，过高不利于精液品质的提高。

四、泌乳需要

牛奶的主要成分包括水、无机元素、含氮物质、乳糖、脂类、酶和维生素等。我国乳牛饲养标准规定：在中立舍饲条件下,成年泌乳牛的维持能量需要为 356 $W^{0.75}$,第一和第二泌乳期母牛尚在生长发育,应在维持需要的基础上分别增加 20% 和 10%。母牛的产奶量越多,泌乳需要就越高。

五、影响营养需要的因素

影响营养需要的因素有很多,其中主要包括环境温度、湿度、应激、个体大小、禀性、生长环境和管理水平。如肉牛对气温适宜的范围是 6℃~25℃,在此温度范围以外,牛会需要更多的营养来维持其生理的正常活动。不同牛品种的温度适应范围不同,如延边黄牛的抗寒温度为 -20℃,南阳牛在石家庄以北地区,冬天会出现寒战等反应,冬天的维持营养自然是不同的,不同牛种在不同季节的营养需要也不相同。

即使是同一种牛,由于个体的习惯、禀性、体格大小等因素都不相同,其所需要的营养需要也不相同。一般情况下,个体大、爱运动的牛营养需要会高一些。

另外在不同的饲养环境和管理水平下,肉牛的营养需要也会不同。饲养环境安静,肉牛不产生应激反应,管理科学、卫生条件好的情况下,肉牛的营养需要会相对少一些。

第三节　肉牛的能量需要

广义的能量是指做功的能力,它能以热能、光能、机械能、电能和化学能等不同形式表现出来。动物的能量是维持机体新陈代谢、生长发育和增重所不可缺的,它只能以存贮于饲料营养物质分子化学键中的化学能的形式被动物机体转化和利用。一切生命活动,如心跳、维持血压、肌肉紧张度、神经传导、肾脏的吸收、蛋白质和脂肪的合成、乳汁的分泌等都需要能量。

一、与能量有关的概念及计算方法

(一)热能单位焦耳(J)

1 卡=4.184 焦耳。焦耳是当前普遍采用的能量单位,使用时常用兆焦（MJ），即百万焦耳。

（二）总能（GE）

代表饲料中总的可燃烧能量。GE（兆卡/千克）＝（粗蛋白质百分含量×5.7＋粗脂肪百分含量×9.4＋粗纤维百分含量×4.2＋无氮浸出物百分含量×4.2）÷100。

（三）可消化能（DE）

代表饲料总能减去粪中的能量部分。DE可通过TDN（总可消化养分值）换算，即DE（兆卡/千克）＝TDN（%）×4.4。

（四）代谢能（ME）

代表饲料总能减去粪、尿、气体等排出而损失的热能，也称饲料可代谢能。

（五）净能（NE）

代表饲料总能减去粪、尿、气体和热增耗能量后的部分。目前肉牛业上已不采用，而改用综合净能（NE_{mf}）。

二、维持的能量需要

维持的能量需要是维持家畜生命活动所需的能量，凡耗费于非生产的能量需要都包括在内，它不仅包括绝食代谢的能量，也包括随意运动的增加量以及必要的抵抗应激环境的能量。

根据研究，生长肥育牛在全舍饲条件下，维持净能需要为$0.322\ W^{0.75}$。这个数值适合于适宜温度、舍饲、有轻微活动和无应激的环境条件下应用。我国肉用牛饲养标准（2000）推荐，当气温低于12℃时，每降低1℃，维持能量需要将增加1%。

为了生产中使用方便，在我国肉牛饲养标准中，肉牛的能量需要和饲料营养价值用肉牛能量单位表示，即以1千克中等玉米（二级饲料玉米，含干物质88%、粗蛋白8.60%、粗纤维2.00%、粗灰分1.40%）所含有的综合净能值8.08兆焦为1个肉牛能量单位（RND）。

三、生产的能量需要

生长肥育肉牛的能量需要即是维持需要与增重需要之和。增重的能量需要即能量沉积。我国肉牛饲养标准（2000）估测增重的能量沉积用下列公式计算（Vanes，1978）：

$$RE\ (kJ) = (2092+25.1W) \times \frac{\triangle W}{1-0.3\triangle W}$$

式中 W 为体重（千克），$\triangle W$ 为日增重（千克）。

对生长母牛，在上式的基础上增加 10%。

妊娠母牛的净能需要需根据胎儿和子宫的能量沉积去确定。

第四章 肉牛的消化生理

第一节 肉牛消化器官的特点

牛与其他单胃动物的最大区别是牛有复胃。牛的复胃包括瘤胃、网胃、瓣胃和皱胃4个胃室。只有皱胃中含有胃腺，能分泌消化液，与单胃动物相似，故也称真胃。其他3个胃没有消化腺，主要起贮存食物和发酵、分解粗纤维的作用。

犊牛初生时，前两个胃很小，仅为皱胃的一半大小，且结构很不完善，无反刍行为，微生物区系没有形成，不具有消化作用。消化功能与单胃动物相似，主要靠真胃进行消化。此时靠母乳供给优质蛋白质、能量和维生素B来满足生长需要。乳汁的消化靠皱胃和小肠。

犊牛开始采食饲料后，瘤胃和网胃迅速发育，真胃的相对容积逐渐变小（绝对容积增大），瓣胃（第3胃）的发育较慢，达到相对成熟体积所需要的时间比瘤胃或网胃要长。犊牛出生3周以后开始采食一些饲料，这时出现反刍功能。到3个月龄，瘤胃的容积显著增加，是初生时的10倍，这时前3个胃约占4个胃总容积的70%，瘤胃黏膜乳头也逐渐增长变硬，微生物区系已较完善，此时瘤胃具有消化作用。

目前，人们普遍通过喂给犊牛优质牧草和干草以达到增大瘤胃的容积，刺激瘤胃突起发育，并最终达到促进瘤胃发育的目的。

第二节 肉牛消化器官的功能

牛的消化器官包括口腔、食管、反刍胃、小肠、胰腺、肝脏、大肠等。

一、口腔

口腔的主要作用是采食、咀嚼和开始吞咽。采食是将食物摄入口腔的动作，咀嚼包括将食物撕裂、磨碎，并与唾液混合形成食团。吞咽过程包括随意和不随意的反射作用。

口腔中的唾液含氮量为 0.1%～0.2%，还含有少量的糖蛋白质、磷、镁和氯。成年公牛每天分泌唾液 200 升，母牛每天分泌唾液 150 升，育成牛每天分泌 30～50 升。采食时分泌的唾液可减弱某些日粮的生泡倾向，有利于预防瘤胃膨胀；唾液对食物起浸润作用，便于吞咽；唾液中的盐类，可中和瘤胃内的大量酸，从而保持瘤胃 pH 值平衡；唾液中的酶有助于营养物质的消化；唾液中所含有的较高浓度的黏蛋白、尿素、矿物质，可为瘤胃微生物连续地提供易被利用的营养物质。

二、食管

食管连接口腔与胃。饲料进入食管后，随食管肌肉的蠕动进入胃。

初生犊牛从瘤胃的贲门，经过网胃，至网瓣胃孔处形成一个十分发达的唇状结构——食管沟。犊牛吮吸乳头时，食管沟合拢形成管道，乳汁通过食管沟直接进入真胃，以防止牛乳进入瘤胃和网胃而引起细菌发酵和消化道疾病。犊牛哺乳时的食管沟闭合，称为食管沟反射。一般情况下，哺乳期结束的育成牛食管沟反射逐渐消失。

三、反刍胃

网胃与瘤胃协调运动。网胃是反刍胃运动的起始点。网胃—瘤胃有规律的收缩运动，可以促使网胃内容物向瘤胃运送，形成逆呕。逆出食糜再经过咀嚼、混合唾液和吞咽形成反刍。反刍增加了瘤胃微生物与饲料的接触面积，加快了饲料的消化和挥发性脂肪酸的吸收，维持瘤胃内的 pH 值。排出瘤胃微生物发酵所产生的二氧化碳和甲醛等大量气体，这一过程称嗳气。非反刍期间随着瘤胃的收缩运动，也可以将气体推向贲门区，经由食管带出。嗳气也可以通过瘤胃本身独立的收缩运动来完成。

瓣胃将网胃运送来的粗糙的食糜滞留于叶片之间，进行磨压加工，细微的食糜直接转移到皱胃。牛体吸收的可挥发性脂肪酸有10%来自瓣胃。

皱胃与单胃动物的消化功能基本相同，只是在消化吸收食物的同时还能分泌大量pH值很低的消化液，杀死进入皱胃内的各种瘤胃微生物。

四、小肠

小肠能分泌麦芽糖酶、蔗糖酶、淀粉酶和蛋白质分解酶。蛋白质在蛋白质分解酶的作用下分解成氨基酸和多肽，将未被皱胃吸收的营养物质消化吸收。

刚出生的犊牛小肠分泌的蔗糖酶没有活性，所以喂给质量差的代用乳时易引起腹泻。另外，淀粉酶几乎没有活性，不仅唾液里不含有淀粉酶，而且出生后胰腺分泌的淀粉酶的含量少、活性低。因此，犊牛不能食用淀粉。

五、胰腺

胰腺能分泌大量含有淀粉酶、脂肪分解酶、蛋白分解酶的胰液，促进蛋白质、碳水化合物和脂肪的消化。

六、肝脏

肝脏能够把丙酸、血糖和某些氨基酸在肝中加工，形成碳水化合物——糖原。这种肝糖原被贮存在胆囊内的胆汁中，经胆管流入十二指肠，胆汁通过乳化作用促进脂肪的消化。当体内血糖浓度低时肝脏还可释放糖原，以增加血糖浓度。

七、大肠

大肠吸收来自前部消化道食糜中的多余水分，而形成粪便，大肠内存在着多种微生物，并进行着二次发酵活动，大肠内一些残留的纤维性物质被进一步发酵，一些挥发性脂肪酸被进一步吸收后，均进入血液。大肠中含有的黏素有助于排泄未消化物质。

第五章 肉牛的繁殖

第一节 肉牛的生殖生理

一、公牛的生殖生理

（一）公牛的初情期

公牛的初情期是指公牛初次出现爬跨和射出精子的时间。公牛初情期受品种、环境、营养等因素影响。

（二）公牛的性成熟期

公牛性成熟期是指公牛生殖器官和生殖功能发育趋于完善，达到能够生产具有受精能力的精子，并有完全性行为的时期。一般为 10~18 月龄之间。

（三）公牛的适当配种年龄与繁殖年限

一般公牛适当配种年龄为 1.5~2 年。公牛的繁殖年限一般为 5~6 年，7 年以后公牛性欲显著下降，精液品质也下降，因此多被淘汰。

二、母牛的生殖生理

（一）母牛的性成熟与初配年龄

母牛的性成熟，是指母牛的性器官和第二性征发育完善，卵巢内开始产生成熟的卵子和雌激素，并伴有排卵。

母牛的初配年龄不宜过早或过晚。小母牛配种过早，不仅影响本身生长发育，而且所生犊牛初生重小，体质弱，不易饲养，产后生产性能将受影响；配种过迟，不但对繁殖不利，而且易使母牛过肥而不易受孕。一般母牛初次配种时的体重应为其成年体重的 70% 左右。适宜的配种时间应在母牛由发情盛期转入发情末期不久，即在发情开始以后 18~24 小时进行配种，效果较好。年老体弱的母牛发情持续期较短，排卵较早，或在天热时，配种时间要适当提早。

(二) 母牛的发情特点

发情持续时间短，且在交配欲结束之后 12~15 小时才排卵。母牛血液中含少量雌激素时则兴奋，而含大量时反而抑制。发情开始时，卵泡中只产生少量雌激素，性中枢兴奋，出现交配欲。当卵泡继续发育接近成熟时，产生大量雌激素，性中枢受到抑制，则交配欲消失，但卵泡还在继续发育，最后在促黄体素的协同下排卵。这就是排卵在交配欲结束之后的缘故。

母牛发情后 2~3 天发生子宫内出血而从阴道流出的现象（育成母牛有 70%~80%，成年母牛有 30%~40%）。据统计，出血多少与受胎率成正比关系。发情后出血的原因是：发情时子宫黏膜的实质充血，发情后子宫阜上的毛细管破裂，血细胞穿过上皮，渗入子宫腔，随黏液排出。

第二节 肉牛的发情与配种

一、发情

发情俗称"跑圈"，是性成熟未孕母牛所表现出的周期性求偶欲配的性冲动生理现象。

1. 发情周期　从一个发情期开始到下一个发情期开始所间隔的时间为发情周期。一般为 18~24 天，平均为 21 天。发情周期分为四个阶段：

（1）发情前期　这是发情的准备阶段。生殖器官开始充血，黏膜增生，子宫颈口稍开放，分泌物稍有增加，此时母牛尚无性欲表现，经过 12~17 小时（平均 14 小时），母牛兴奋不安哞叫，放牧时游走少食，当公牛爬跨时，又不接受。

（2）发情中期　母牛两耳竖立，不时转动倾听，眼光锐敏，手拨尾根时无抗力,接受爬跨,臀部向后抵,举尾。从阴户流出黏液,极易黏于尾根、臀端或飞节处透明的被毛上。

(3)发情后期 母牛阴道黏液减少黏稠,牵缕性差,不再接受爬跨。直肠检查时滤泡增大到1厘米以上,触之波动明显,滤泡壁很薄,最后排卵并出现黄体。此期约数小时至10小时左右。此期母牛变得安静,无发情表现。

(4)间情期 是母牛发情结束后的相对生理静止期,是从上一次性周期过渡到下一次性周期的中间阶段。

2. 发情鉴定

(1)外部观察法 发情母牛兴奋不安,大声哞叫,食欲减退,排尿频繁,尾根举起,接受爬跨,外阴红肿,阴门流出黏液。

(2)阴道检查法 将母牛保定,将经过75%酒精消毒的开腔器插入母牛阴道。发情母牛,阴道黏膜发红、湿润,子宫颈口开张,阴门有黏液流出。未发情母牛,阴道黏膜苍白、干燥,子宫颈口紧闭,阴门无黏液流出。

(3)公牛试情法 将不锈钢打印装置固定在公牛下颌部。当试情公牛爬跨发情母牛时,便可将墨汁印在发情母牛身上。还可给试情公牛的胸前涂上染料,当试情公牛爬跨时,便会将染料留在发情母牛的尻部。

(4)直肠检查法 检查者将指甲剪短磨光,手臂涂上润滑剂。先用手抚摸肛门,然后将手指并拢成锥形,以缓慢的旋转动作伸入肛门,排出宿粪。再将手伸入肛门,手掌伸平,掌心向下,按压抚摸。在骨盆底部可以摸到一前后长且圆、质地较硬的棒状物,即为子宫颈。沿子宫颈向前触摸,在前方可以摸到一浅沟,即为角间沟,沟的两旁是向前向下弯曲的两侧子宫角。沿着子宫角大弯向下稍向外摸可摸到卵巢。在摸到每一部位时,用手指肚检查其形状、粗细、大小、反应等。在肠内触摸时不能用手指甲乱抓,以免损伤肠黏膜。在母牛努责或肠管收缩时不能将手臂硬向里推，可待努责或收缩停止后再进行检查。

母牛在发情时，可以触摸到突出于卵巢表面并有波动的卵泡。排卵后，卵泡壁呈一个小的凹陷。在黄体形成后，可以摸到稍为突出于卵巢表面、质地较硬的黄体。发情母牛的子宫收缩反应比较明显，子宫角坚实。由于子宫黏膜水肿，子宫角体积也增大。

二、配种

通过本交或人工授精，将公牛精液射入或输入发情母牛生殖道的一定部位，就叫配种。

1. 配种时间　母牛初次配种时的体重应接近成年母牛体重的70%。经产母牛一般在产后60～90天时配种。

母牛发情后27小时左右开始排卵，卵子可受精的寿命为9小时左右。配种后精子到达受精部位的时间为15分钟左右，精子在母牛生殖道内保持受精能力的时间为27小时左右。因此，配种时间以在母牛发情后的18～27小时为佳。此时输入的精子与排出的卵子可在输卵管相会而受精。

生产中，发情盛期是容易观察到的，所以，安排在发情盛期结束之后的9小时以内配种。为了保证受胎率，常进行重复交配，即早晨检出的发情母牛，早晨配种1次，下午再配种1次；下午检出的发情母牛，傍晚配种1次，第二天早晨再配种1次。两次配种间隔10～12小时，一般一个发情期配两次即可。

2. 配种方式

（1）辅助自然配种　平时将公、母牛分群饲养，当母牛发情时，牵引其与公牛自然配种，配后继续分群饲养。

（2）混群自然配种　在配种季节，将公、母牛按1∶20的比例混群饲养，自然配种。配种季节过后，把公牛挑出，与母牛分开饲养。

（3）人工授精　是利用人工授精器械采取公牛的精液，经过品质检查、活力测定、稀释等处理，然后再输到发情母牛的生殖器官使其受孕的先进配种技术。人工授精可以提高优良种公牛的利用率。1头种公牛在自然交配时，1次只能配1头母牛。采用人工授精方法，每采精1次，可配几十头母牛。由于配种的公、母牛不直接接触，可避免某些疾病的传染。

第三节 肉牛的人工授精技术

一、精液的解冻瓿

细管、瓿冻精，用38℃±2℃温水直接浸泡解冻。颗粒冻精用38℃±2℃的解冻液1~1.5毫升解冻，每次1粒，多于2粒，应分别解冻。

表5—1 冷冻精液解冻液配方

原料（单位）	配方一	配方二
蒸馏水（毫升）	100	100
枸橼酸钠（克）	2.9	1.4
葡萄糖（克）	——	3.0

冷冻精液解冻后应在1~2小时内输精。如解冻后的精液需外运时，应采取低温（10℃~15℃）解冻，然后用脱脂棉或多层纱布包裹，外面用塑料袋包好，置于4℃~5℃的冰瓿内贮存，其使用时间不应超过8小时。

二、精液品质检查

为保证受胎率，必须对精子的活力、密度和精子形态等进行检查，符合标准的精子方可进行人工授精。

（一）精子活力（率）

精子活力是指活动精子的百分率。活动精子是指视野中呈直线前进运动的精子。非前进运动的精子一般不具备与卵子结合并受精的能力。在对精子进行稀释检查时，应注意稀释液的温度要与原精液相同，否则可能影响精子正常的活力。刚采出的牛精子的正常活力应不低于 0.7,解冻后可用精液的精子活力应不低于 0.3。

（二）精子形态

完整的精子包括精子头、颈和尾三部分。精子头部前端为帽样结构,称为顶体。不正常的精子种类,有头部过大或过小、双头、双颈、无头精子、折尾、卷尾、颈部和中部含有原生质滴的不成熟精子等。如果公牛精液中异常精子含量大于 20%,可能引起精液的受精能力降低,这样的精液不能用于人工授精。检查精子形态时,一般在载玻片滴一滴混匀的原精液,再加一滴染色液,完全混匀后,平拉制片,最后使载玻片在常温下干燥后检查。也可将一小滴精液样品与一小滴 10% 的福尔马林相互混合均匀（使精子活动静止）后,覆盖干净的盖玻片再置于显微镜下镜检。每一样品计算 100 个以上的精子,然后再计算正常精子的百分率。

（三）精子密度

精子密度是指每毫升精液中所含的精子数。采用血细胞计算法,可准确地测定每单位容积精液中的精子数。如有条件,采用光电比色计测定法,也是目前较准确、快捷地评定精子密度的一种方法。

三、输精

（一）准备工作

输精前被输精母牛的阴门、会阴部要用温水清洗消毒并擦净,同时做好输精器材的消毒和精液的准备,每一输精管只能用于一头母牛。精液在输精前必须进行活力检查,合乎输精标准（精子活力超过 0.3）才能应用。

输精人员的准备和操作注意事项同发情鉴定中的直肠检查法。

（二）输精方法

牛的输精,现普遍采用直肠把握子宫颈输精法。本法对母牛刺激小,用具简单,操作安全方便,便于发现子宫及卵巢疾病,可防止给怀孕牛输精造成流产,受胎率可提高 10%～20%。

输精时，输精人员一只手伸入直肠握住子宫颈后端（注意不要把握过前，造成宫口游离下垂，输精器不易插入），手臂下压会阴部，使阴门开张。另一只手持吸好精液的输精器，由阴门插入，先向上倾斜插入10~15厘米，以避开尿道口，而后再平插，直至子宫颈口。此时两手配合，将输精器前端插入子宫颈内5~8厘米处（接近子宫颈内口），随即注精。如果精液受阻，可将输精器稍后退，同时将精液注入。

插入输精器应小心谨慎，不可用力过猛，以防损伤阴道壁和子宫颈，注意防止污染输精器，其前端只能与阴道黏膜接触。输精器插入后手要轻握，并随牛移动，以防折断或伤害母牛。输精器抽出后，应检查是否残留有精液，如发现大量精液残留在输精器内，则要重新输精。

第四节 肉牛的妊娠与分娩

一、肉牛的妊娠

牛妊娠期是从最后一次配种或授精算起，到分娩为止。妊娠期276~285天，也可记为9个月零10天。母牛妊娠期的长短，因品种、年龄、产次、营养、健康状况、生殖道状态、妊娠胎儿的数目和胎儿性别等因素而有差异。如黄牛、肉牛较乳用牛的妊娠期多2天左右，年龄小的母牛较年龄大的母牛平均少1天。公犊较母犊多1~2天，双胎妊娠期少3~6天。

二、肉牛的分娩

（一）分娩预兆

1. 乳房膨大　母牛乳房膨大，颜色红润，静脉血管怒张，乳头直立，产前1~2天能挤出少量白色初乳乳汁。

2. 外阴变化　阴唇肿胀、柔软、充血、潮红，皮肤皱纹展平。子宫颈口的黏液塞软化，留在阴道内，卧下时阴门开张明显。分娩前1~2天阴门内有黏液流出。

3. 尻腹部变化　尾根两侧松软、塌陷，腹部下垂，行走时肌肉颤动。

4. 举动异常　排尿频繁，举动不安，行动不便，时起时卧，前蹄刨地，回头望腹，不时哞叫，食欲减退。当阴门张开并卧地努责时，马上就会分娩。

5. 体温变化　在临产前 12 小时左右体温下降 0.4℃～0.8℃。

6. 骨盆韧带　骨盆韧带在分娩前 1～2 周开始软化，产前 12～36 小时荐坐韧带后缘变得非常松软，荐骨可活动的范围增大，尾根两侧凹陷。

（二）产前准备

将临产母牛牵入产房，取掉缰绳，让其自由活动。产房应背风向阳，干燥保暖，干净卫生，并事先用 2%～3% 苛性碱溶液，或 2%～3% 煤酚皂溶液，或 10%～20% 生石灰溶液，对其进行彻底消毒。产期用的饲草、饲料、垫草要准备充足。接产用的毛巾、肥皂、药棉、剪子、5% 碘酊、消毒药水、脸盆等，必须准备齐全。

（三）分娩过程

分娩是指成熟的胎儿、胎膜及其中胎水自子宫腔内排出的一种生理过程。

分娩过程是从子宫阵缩开始，到胎衣排出为止。整个过程分为开口期、产出期和胎衣排出期 3 个时期。

1. 开口期　从子宫开始阵缩起，到子宫颈完全张开止，一般需 2～6 小时。母牛神情不安，喜静，腹部已有阵痛，但阵痛时间短，为 15～30 秒，间歇时间长，约为 15 分钟。随着分娩进程，阵痛加剧，腹部已有小的努责。

2. 产出期　从子宫颈完全张开起，到胎儿完全排出止，一般需 0.5～4 小时。母牛严重不安，腹痛加剧，时起时卧，背弓而努责；子宫颈完全张开，胎儿进入产道。腹部强烈收缩，收缩时间长而间歇时间短，约 15 分钟收缩 7 次。多次努责后，阴门露出羊膜。羊膜破后，部分羊水流出，继而胎儿的鼻端和前肢蹄部先出，后经强力努责而排出胎儿。

3. 胎衣排出期　从胎儿排出起，到胎衣完全排出止，一般需0.5~8小时。胎儿产出后，母牛仍有轻微努责，子宫还在收缩之中，以利胎衣排出。

（四）助产

助产是指在自然分娩出现某些困难时人工帮助产出胎儿。为了保证母牛和胎儿的安全，提高母牛繁殖率，母牛分娩时必须给以助产，其要点如下：

第一，临产前，用0.1%高锰酸钾溶液将母牛的外阴、肛门、尾根及后臀部进行彻底的清洗、消毒。

第二，在胎儿两前蹄和头先进入产道，嘴、鼻露出后而羊膜还未破裂时，应立即用手扯破羊膜，并用毛巾把嘴、鼻中黏膜擦净，以防胎儿窒息。若产出时间较长，应趁母牛努责之际，抓住胎儿的腿管骨，向母牛后下方顺势拉出胎儿。助产时，左手将母牛会阴部护住（用拇指和食指把会阴部按住），右手将胎儿缓慢拉出。动作要轻，避免撕裂母牛会阴部。

第三，若胎儿胎位胎势不正，应对其进行校正。把手洗净、消毒，在母牛不努责的间歇期，用手先将胎儿重新推入子宫，再将两前蹄和头拉入产道。

第四，为了使产后母牛尽快恢复体力，应给其饮服温盐水麸皮汤。其配法为：麸皮2千克，食盐100克，温开水3升。

第五节　提高繁殖力的措施

提高母牛繁殖力可以获得更多的畜产品，创造更高的经济效益。影响母牛繁殖力的因素有很多，只要合理解决了这些影响因素，母牛的繁殖力自然会提高。

一、影响繁殖力的因素

（一）遗传因素

牛的性成熟期、产犊间隔和难产发生率等繁殖功能具有一定的遗传性。

（二）营养因素

母牛营养不足，会造成生长缓慢，生殖器官发育受阻，性成熟期延迟，性周期不规律。妊娠牛营养不足，会造成弱胎、死胎、畸形胎增加。成年牛营养不足，会引起发情异常，发情征状不明显，发情期紊乱，排卵不正常，难配难怀等问题。

（三）配种技术

在人工授精时，操作不当、消毒不严、输精时机不妥、直肠检查不准等，均会造成繁殖力下降。在使用冷冻精液时，颗粒或细管精液制作质量差，解冻水平不高等，也会造成繁殖力下降。

（四）疾病因素

布氏杆菌病、滴虫病、胎弧菌病等传染性疾病，以及阴道炎、卵巢炎、输卵管炎、卵巢囊肿、子宫颈炎、子宫内膜炎等非传染性疾病，都可引起母牛不孕。

（五）人为因素

没有观察到发情，配种时间太早或太晚、孕牛使役过度、犊牛护理粗放、误食毒草及有毒的树叶等，都可造成母牛失配、误配、流产，或犊牛生病、死亡等损失。

二、提高繁殖力的措施

提高肉牛繁殖率主要是提高母牛的受配率、受胎率和提高犊牛的成活率。

（一）提高受配率

(1) 对母牛应仔细观察，及时发现发情母牛，并应认真做好发情表现记录，及时配种。对长期不发情的母牛，应赶快请兽医治疗。对产后母牛，应在产犊 4 天后注意观察是否发情。

(2) 在自然交配时，青年公牛最好与配 10～15 头母牛，成年公牛最好与配 15～20 头母牛。

(3) 加强母牛营养,特别是在冬季,除喂给优质的青干草、青贮、秸秆等粗饲料外,还应补饲精料,以免因枯草期营养水平低而造成严重乏瘦,进而导致不发情或其他疾病。

(二) 提高受胎率

(1) 种公牛与受配母牛健康无病,精液品质优良。种公牛保持中上等膘情,四肢健壮,配种能力强。母牛生殖功能正常,产奶高,性情温和,母性好。

(2) 人工授精时,精液品质应好,操作技术应恰当,输精时间应尽量控制在排卵前 12 小时以内,最迟也不要超过排卵后 4～6 小时。

(三) 提高产犊成活率

(1) 及时擦净新生犊牛鼻嘴端黏液,为牛断脐,吃上初乳。产房应定期消毒,冬天要保暖,不使小牛遭受贼风侵袭。

(2) 保证母牛充足的营养供给。母牛营养好,则乳汁分泌足。只有奶足,才能犊壮。

(3) 犊牛生后 10 天,就可诱其吃料,生后 15 天,就应训练其吃草。提早采食草料,有利于犊牛的健康。

(4) 做好肉牛繁殖记录,防止近亲交配。近亲后代,适应性差,生长发育慢,繁殖性能低。

第六章 肉牛选购与运输

第一节 育肥肉牛品种的选择

在相同的条件下，不同品种牛的育肥效果差异比较大。总体来讲，改良牛和地方良种牛增重速度、肉的品质和饲料报酬都明显高于本地黄牛。从目前我省牛的品种结构及杂交改良牛的基础来看，应选择以下几个品种：

1. 西门塔尔杂种牛　目前我省出栏的优质育肥牛中，西门塔尔牛杂交后代占的比重最大，而且育肥效果比较好。试验表明，其断奶小公牛持续育肥日增重平均在1100克以上，架子牛育肥平均日增重1200克以上，最高平均达1400克以上。

2. 夏洛来杂种牛　是生产欧式高档肉的货源，尤其在生产"西冷"和"米龙"等高价分割肉块方面具有优势。其改良牛适合于早期强度育肥，断奶小公牛持续育肥日增重可达1100克以上。

3. 利木赞杂种牛　初生重比较小，但后期生长强度大，补偿生长能力强，饲料报酬高，肌肉纤维细，肉的嫩度好，肌间脂肪分布均匀，具有良好的大理石状花纹，早熟。其肉质适合于东、西方两种风格的牛肉生产，但增重不如西门塔尔杂种牛和夏洛来杂种牛。

4. 中国草原红牛　是我国培育的兼用型品种，脂肪蓄积能力较强。断奶小公牛持续育肥日增重1100克以上，架子牛短期育肥日增重1200克以上。突出特点是肉品质好，是生产优质、细嫩、口感好、营养丰富高档牛肉的理想品种。

5. 延边黄牛 我国"五大"地方良种牛之一，役肉兼用型品种，体格中等，早熟。突出特点是肉质好，味鲜美，但增重速度、产肉量仍需进一步选育提高。

第二节 育肥牛个体的选择

一、性别选择

同一品种，在月龄和饲养条件相同条件下，性别不同，育肥效果不一样。从增重速度、饲料报酬综合来看，公牛最佳，阉牛次之，母牛最差，但从肉的综合品质来看，则阉牛最好，是生产高档牛肉的首选。

二、年龄的选择

牛的增重速度、育肥期长短、牛肉质量、饲料利用率都和牛的年龄有密切关系。判断牛年龄最准确的方法是查找出生记录，但在没有出生记录时，通常多采用外貌、角轮和牙齿变化来鉴定牛的年龄，其中根据牙齿变化规律来判断年龄比较准确。牛的年龄越大，饲料利用率越低，增重速度越慢，牛肉品质就越差。肉牛在第1年生长最快，第2年次之。当育肥牛与生长同时进行时（持续育肥法），第2年增重只是第1年的70%。当生长与育肥分期进行时，如采用前粗后精模式阶段育肥法，则第2年催肥期的生长速度相对要快一些。如采用断奶小公牛持续育肥，应选择6~8月龄入栏；采用架子牛育肥，应选择12~18月龄入栏。

三、体重的选择

在月龄相同情况下，应选择体重大的牛。测量牛活重的方法有多种，最为准确的方法是度量衡器测定，也可用软尺推算牛体重，或凭经验以能屠宰多少肉倒算牛的活重（眼力估测）。

四、体型和外貌的选择

首先要了解牛体各部位的名称，并从牛的前面、侧面、后面三个方面进行选择。前面：头型好（嘴宽大，前额宽，头稍短，眼大有神），胸宽、深，前肢站立端正；侧面：体躯呈长方形，十字部高于体高，颈短而厚，背腰平直且宽，尻部平宽，腹部紧凑不下垂，皮肤松软而有弹性，被毛有光泽；后面：身体前、后宽度一致，后躯方正、丰满，尾根左右宽平，后肢站立分开且宽。对生长发育不良的如"胚胎型"和"幼稚型"牛不宜选用。

　　肉牛体型外貌鉴定有四种方法，即肉眼鉴定、评分鉴定、测量鉴定和线性鉴定。这里仅介绍肉眼鉴定法和评分鉴定法。

　　1. 肉眼鉴定法　让牛站在比较开阔的平地上，鉴定人员距牛3～5米，绕牛仔细观察一周，分析牛的整体结构是否平衡，各部位发育程度、结合状况以及相互间的比例大小，以得到一个总的印象。然后用手按摸牛体，注意皮肤厚度、皮下脂肪的厚薄、肌肉弹性及结实程度。接着让牛走动，动态观察，注意身躯的平衡及行走情况，最后对牛做出判断，判定等级。

　　2. 评分鉴定法　根据牛体各部位对产肉性能的相对重要性给予一定的分数，制成评分表，总分为100分。鉴定时鉴定人员通过肉眼观察，按照评分表中所列各项比照标准，对牛体各部位的肉用价值给评分，然后将各部位评分累加，再按规定的分数标准，折合成相应等级。鉴定时，人与牛保持10米的距离，从前、侧、后不同的角度，首先观察牛的体型，再令其走动，获取一个概括的认识，然后走近牛体，对各部位进行细致审查、分析，评出分数。

第三节　育肥牛的运输

　　易地购入的待育肥牛，无论采用火车运输或汽车运输都会因应激反应而使牛只减重，为减少损失，应采取以下措施：

　　1. 口服或注射维生素A　运输前2～3天开始，每头牛每日口服或注射维生素A 25万～100万国际单位。

　　2. 注射氯丙嗪　在装运前，肌内注射2.5%的氯丙嗪药剂，每100千克活重的剂量为1.7毫升,此法在短途运输中效果更好。

3. 装运前合理饲喂 具有轻泻性的饲料如青贮料、麸皮、新鲜青草在装运前3～4小时应停止饲喂。装运前2～3小时,不能过量饮水,否则易引起腹泻,延长了恢复期的饲养。

4. 科学运输 装运过程中,切忌任何粗暴行为或鞭打牛只,其结果是导致应激反应的加重,造成牛只更多的掉重和伤害,从而延长恢复期时间,增加养牛支出。

5. 合理装载 用汽车运输,体重在300千克以下,占有的面积是0.7～0.8米^2/头,300～350千克为1～1.1米^2/头,400千克为1～2米^2/头。用火车运输,体重180～230千克,占有的面积是0.7～0.9米^2/头;320～360千克,占有面积为1.1～1.3米^2/头;410千克占有面积为1.3～1.4米^2/头。

为了保证牛的安全生产,按国家有关部门的规定,对异地运输的牛必须具有以下手续:准运证、税收证据、兽医卫生健康证件、车辆消毒证件、自产证件(证明畜主产权)。上述各种证件必须齐全,以减少运输途中不必要的麻烦。

第七章 育肥牛场建设

规模化养牛，必须有牛场。牛场建设的前提是要有一定的发展资金，要考虑到当地的自然环境是否适宜发展规模化养牛，市场需求、水资源、电力资源、饲草料资源如何等，然后要考虑的是养牛的数量、养什么品种牛、发展的规模、机械化程度和设备条件，最后还要符合卫生防疫要求。对上述问题有了肯定答案后，接下来便应具体考虑场址选择、牛场布局、棚舍类型和主要设备等问题。总的原则应是经济实用，便于管理，有利于提高资源利用率，降低生产成本，增加经济效益。

第一节 育肥牛场的总体规划

一、场址的选择

牛场场址的选择要有周密的考虑，通盘的安排和比较长远的规划，以适应现代化养牛的需要。

牛场的位置应选在地势高、干燥、背风向阳、空气流通的地方，尽量选择居民区的下风向。同时，应为距生产基地和放牧地较近、交通便利、供电方便、地下水源充足的地方，但不要靠近交通要道和工厂、住宅区、牲畜交易场，以利防疫和环境卫生。

二、场地布局

牛场内各种建筑物的规划与布局，应本着因地制宜和科学饲养管理的原则，做到整齐、紧凑、提高土地利用率和节约基本建设投资，有利于整个生产过程和便于防疫及防火安全。

育肥牛场除建牛舍外，还应修建相应的料库、草库、青贮窖、调料间以及办公室、值班室等附属设施。各建筑物之间道路畅通，联系要方便，缩短供电、供水、供草料的距离。各建筑物间应设绿化带，周围设围墙，生产区应建在下风向。一个现代化的育肥牛场必须有四条管理线，即三条生产线和一条参观线。在整体布局上要保持四条管理线互不交叉，具体的是：防疫线、饲喂线、排污线和参观线互不交叉。一般牛场可划分为4个区域，即生产区、辅助生产区、行政管理区、污物处理区。

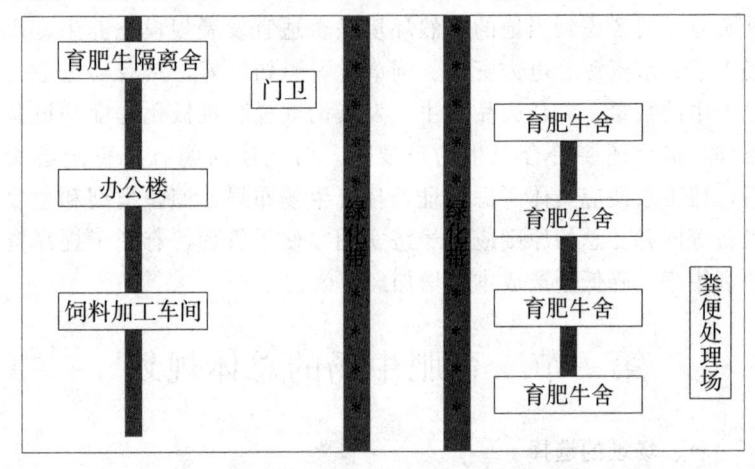

图 7-1 育肥牛场规划草图

第二节 标准化育肥牛舍的建造

肉牛饲养与饲养环境条件有着很大的关系。处于寒温带的地区，冬季较长，而夏季又相对炎热，这对养牛生产影响较大。设计防寒保温牛舍是保障提高肉牛生产效率、节约饲料必须考虑的因素。无论是规模养牛场，还是散养户，牛舍的建筑都要考虑符合牛的生理特点。牛舍要求结构简单，坚固耐用，既能保持卫生，又便于管理。

一、育肥牛舍的类型

以育肥牛为例,棚舍的类型可分为露天式和舍饲式两种。露天式育肥场根据有无挡风遮雨的围墙或简易棚,分全露天式和有围墙或简易棚的露天式。据报道,全露天式肉牛比有围墙或简易棚的露天式肉牛增重慢12%,饲料成本高14%。

舍饲育肥场的牛舍按牛床在舍内的排列方式,分为单列式、双列式和多列式;按屋顶形状分为单坡式和双坡式;按牛舍墙壁分为敞棚式、开敞式、半开敞式、封闭式和塑料暖棚等。

(一)单坡式

单坡式牛舍一般多为单列开放式牛舍,三面有围墙,向阳一面(南面)敞开。这种牛舍采光好,空气畅通,造价低廉,适于冬季不太冷的地区。

(二)双坡式

双坡式牛舍,牛床在舍内的排列多为对头或对尾式。这种牛舍可以是四面无墙的敞棚式,也可以是开敞式、半开敞式或封闭式。

敞棚式适于气候温和地区,在多雨地区,可将食槽设于棚内;开敞式双列牛舍为防止冬季寒风侵袭,在东、北、西三面设有墙和门窗;在较寒冷的地区多采用半敞式与封闭式,牛舍北面及东西两侧有墙和门窗,在南面只有半堵墙者为半开敞式,南面封起来的叫封闭式。这样的牛舍造价较高,但有利于冬、春季节防寒,炎热夏季则要注意通风和防暑。

二、牛舍必备的条件

(一)保温

育肥牛最适宜的温度为10℃~15℃,适合温度5℃~21℃。饲养水平较高时,育肥牛对低温耐受力较强,对高温的耐受力较差。环境温度过高或过低,都要增加能量的消耗,既不利于增重,又加大了饲养成本,因此牛舍必须具备良好的保温能力。

(二)保湿

育肥牛舍内湿度应控制在相对湿度50%~70%,以不超过

75%为宜。在温度正常范围内的条件下,空气湿度对牛体热调节无明显影响,但在低温高湿或高温高湿时,对育肥牛的健康均有不良影响。

(三)通风

牛舍的建设中有一个最大的问题,就是冬天舍内的污气排放。牛的体重大,粪便都积攒在舍内,形成大量的氨气、碳酸气,并产生大量湿气,这些污浊气体与水汽共同凝结在冰冷的墙上及顶板上,造成又湿又臭的环境,对人和牛都不利。牛舍要留有通风孔,有条件的还可以建设通风管道。当温度升高时,应加强通风,促进体热散失;在低温时,应避开冷风的吹袭,减少体热的损失。

(四)卫生条件

牛舍应保持干燥、清洁。如果牛体受到泥土、粪尿污染,在高温季节影响散热,寒冷时又增加了热量的散失,不利于增重。

牛是大型家畜,一头牛每天的排粪量与排尿量大体相等。育肥牛体重在300千克时,排粪尿量为15千克,体重400千克时排粪尿量为25千克,体重500千克时排粪尿量为30千克。按育肥牛统计,堆粪场面积可以按每头10平方米计算。

对于大型牛场,还应配备饲料生产机具、给料车、除粪机具等设备,小型牛场或散养户可酌情配置必需机具。

三、标准牛舍的建造

为达到以上要求,育肥牛舍的顶部要求选用隔热保温性能好的材料,样式可采用坡式、平顶式或平拱式。墙壁要坚固,墙高一般为2.2~2.5米,墙围高0.5~1米。牛舍地面采用砖地或水泥地面,喂饲过道宽1.2~1.5米。牛床长度:育肥牛一般1.6~1.8米、成年母牛1.8~1.9米,宽度均为1.1~1.2米。前高后低,后有排粪尿沟及污水,沟宽0.3米、深0.15~0.2米。饲槽设在牛床前面,槽上口宽50~60厘米、槽底宽30~40厘米、槽内缘高25~35厘米、槽外缘高60~80厘米,对小犊牛各尺寸可适当减少。牛舍的门一般设正门和侧门,正门宽2.2~2.5米、侧门宽1.5~1.8米、高2米。牛舍窗户设置一般南多北少,南大北小,距地面高1.2~1.4米。育肥牛拴系饲养,无运动场;成年母牛按照10~15米^2/头,设舍外运动场。

第三节　普通养牛户牛舍建筑

我国农村靠家庭自有劳动力实施小规模养牛的农民户,养牛头数不多,一般在10头以下。其牛舍建筑有别于大型肉牛场,但也应遵循以下牛舍建筑的基本结构要求。

1. 地基　要求土地坚实、干燥,可利用天然的地基。若是疏松的黏土,则需用石块或砖砌好,并高出地面。地基深一般0.8~1.0米。地基与墙壁之间最好有油毡绝缘防潮层。

2. 墙壁　砖墙厚0.5~0.75米,应抹1米高的墙裙。在农村也可用土坯墙、土打墙等以节省资金,但从地面算起至少应砌1米高的石块。土墙造价低,投资少,但缺点是不耐久。

3. 顶棚　北方寒冷地区,顶棚应用导热性低和保温的材料。顶棚距地面为3.5~3.8米。南方要求防暑、防雨,并通风良好。

4. 屋檐　屋檐距地面为2.8~3.2米。屋檐和顶棚太高不利于保温,过低则影响舍内光照和通风,可视各地最高温度和最低温度而定。

5. 门与窗　牛舍的大门应坚实牢固,宽2.0~2.5米,不用门槛,最好设置推拉门,一般南窗应较多、较大(1.0米×1.2米),北窗则宜少宜小(0.8米×1.0米),窗台离地面高度以1.2~1.4米为宜。

6. 牛床　水泥及石质牛床,导热性好,清洗和消毒方便,但造价高。砖牛床,用砖立砌,用石灰或水泥抹缝,导热性好,硬度较高。土质牛床,将土铲平、夯实即可,是造价最低的牛床。

牛舍中间走道和饲料道要求宽度在1.3~1.5米。

第四节 塑料暖棚养牛

在北方寒冷地区,冬季气温通常都在0℃以下,东北、内蒙古地区甚至在-10℃以下,造成牛体热散失量大,饲料消耗增多,有时不仅不上膘,还浪费饲料。因此,通过在冬季搭建塑料暖棚,实行暖棚养牛,对节约饲料、增加养牛户收入极有好处。

暖棚的扣棚时间应根据当地的气候条件,一般气温低于0℃时即可扣棚,时间大致为当年11月上旬至翌年3月中旬。扣棚时,塑料薄膜应绷紧拉平,四边封严,不透风。夜间和雪天应用草帘、棉帘或麻袋先将棚盖严保温,及时清理棚面积雪、积霜,以保证光照效果和防止棚面薄膜损伤。

暖棚应建在背风向阳、地势高、干燥处。若在庭院要靠北墙,使其坐北朝南,以增加采光时间和光照强度,有利于提高舍温,切不可建在南墙根。所用塑料薄膜要选用白色透明农用膜,0.02~0.05毫米厚。牛舍后坡占牛舍地面跨度的2/3,前坡为地面跨度的1/3。上面覆盖塑料大棚膜,既透光、吸热、保温,重量又轻。太阳光入射角在30°~40°之间,保证后墙根都能照到阳光。塑料大棚坡度在40°~65°之间,冬天中午太阳光几乎与塑料面直射,有较大的受光面积,又能获得较大的透光率,增加了圈内温度。通过实地观测,冬天圈外温度在-20℃时,圈内夜间最低温度在6℃以上,白天最高可达10℃以上,所以不影响牛的生长发育和增膘。

由于塑料大棚坡度加大,水滴可顺坡而下,可以用水槽接住,这样减少了圈内湿度。舍内粪尿应每天定时清除。

扣棚时可在牛圈的一头盖饲料、饲草调制室和饲养员值班室,牛的出入门可在牛棚的另一端设置。

这种牛圈的优点是造价低,管理方便,由于牛圈不上冻,冬天照常可以用水冲洗和清除粪便,减少了饲养员的劳动强度。

第五节 牛场的环境保护

一、育肥牛场内污染源

育肥牛场地内存在多种污染源,主要包括牛的粪尿、生产生活废水、机械运转噪声、锅炉烟尘以及生产饲料所产生的粉尘等。

每头育肥牛每天排泄的牛粪牛尿量(平均数)25千克,产生废水约10升。生产中机器运转的噪声达90~100分贝,锅炉烟尘排放量约为0.1千克/小时,二氧化硫排放量约为0.35千克/小时,烟气排放量为605米^3/小时。粉碎车间内的粉尘浓度大于10毫克/米^3,排出车间外粉尘的浓度超过150毫克/米^3。

二、污染物处理技术

(一)粪尿处理

每日清扫粪尿2次;牛粪尿运输到指定堆放处,堆放15天左右,制成干有机肥料或直接用作肥料;设牛尿废水沟,流至发酵池发酵后用作肥料。

(二)废水处理

流至发酵池进行沉淀、净化、消毒处理。

(三)噪声处理

1. 锅炉降噪声措施

(1)鼓风机和引风机采用消声器和隔音筒等降低噪声装置。

(2)消声器和隔音筒与风机、管道连接处采用密封垫,以减少机器振动的传递,降低噪声。

(3)引风机、电机、鼓风机等设备安装减震设备。

(4)引风机、鼓风机设置在噪声隔离机房内。

2. 粉碎机降噪声措施 粉碎机设置在噪声隔离机房内,采用复合阻音钢板制作溜管。经过处理后,噪声小于85分贝。

(四) 锅炉降烟处理

锅炉烟囱要有一定的高度，烟囱的高度要根据当地的风速、烟尘的浓度与周边建筑物的高度等综合考虑，一般为15～25米。锅炉安置脱硫除尘设备，除尘率大于95%，脱硫效率80%～90%，脱氨效率大于28.2%。

(五) 粗饲料粉碎时的灰尘处理

设置除尘风网。在饲料提升输送口、卸料口、粉碎机粉碎处、成品包装处设置吸尘口，使粉尘经风管吸入脉冲布袋除尘器中，除尘率可达99%。粉碎车间内的粉尘浓度小于10毫克/米^3，排出车间外粉尘的浓度低于150毫克/米^3。

第六节　粪便的合理利用

一、粪污利用的意义和方向

2001年，国家环保总局与国家质检总局联合发布了《畜禽养殖业污染排放标准》，对集约化、规模化的畜禽养殖场和养殖区的各种污染物排放标准做了明确规定。因此，牛场的环境控制要按照《畜禽养殖业污染防治管理办法》的规定，对各种废弃物排放进行控制，要避免或减轻周围环境中污染因素对牛场的危害，又要防止牛场本身对周围环境的污染。

根据物质循环、能量流动的生态学基本原理，将畜牧业回归农业促进种植业与畜牧业紧密结合，是解决畜禽养殖污染的主要途径之一，也是我国实现农业可持续发展的必经之路。加强农牧结合，可减轻畜禽粪便对环境的污染，为绿色食品及有机食品的生产提供基础保障，提高产品质量和经济效益，这应是我国养牛业发展的主要方向。

吸引社会各方面投资，使畜禽粪便处理形成产业化和专门化。这种运作规模不仅可解决畜禽养殖业环境污染问题，而且可为绿色食品生产提供可靠的物质保障，并通过出售有机肥提高经济效益,同时也为农民创造就业机会。通过产业化吸引多方投资,开展专业运营,可以实现环境、农业和投资方共赢。

二、粪污利用的方法

为了有效控制牛场环境,除合理规划布局牛场外,还应采取相应措施妥善处理粪尿及污水,绿化环境,防止蚊蝇滋生,合理处理家畜尸体。

（一）土地还原

牛粪尿中含有机成分较多,是优质的有机肥料,使用后其肥效持续时间长,是我国农村主要的肥料来源之一。

1. 牛粪尿作为肥料直接施入农田　将鲜牛粪、垫草等直接施入农田,然后迅速翻耕土壤,使粪尿、垫草在土壤中进行分解发酵,使寄生虫、病原体的抵抗力降低,从而失去活性,此法每1公顷土壤可施鲜粪20吨或更多。土壤自净能力是有限的,如粪尿施用过多,超过土壤的自净能力,就会造成土壤的污染。因此用土壤还原法处理鲜粪时,最好加入对农作物、人畜无害的化学药物或杀虫剂进行无害化处理。患传染病的病牛粪便不宜直接施用,应做深埋处理或经长时间的堆肥腐熟后再施用。

2. 腐熟堆肥法　利用好气性微生物分解牛粪便与垫草等固体有机废弃物,杀死细菌和寄生虫卵,并能使土壤直接得到腐殖质类肥料。堆肥中微生物的生长需要的碳氮比为(26～30):1,牛粪为22:1,再加上垫草的混入,其碳氮比大致相当。在好气发酵的环境下,2周即可达到均匀分解、充分腐熟。

（二）制取沼气

利用牛粪尿产生沼气,是我国农村推行的集能源建设和环境建设为一体,并且有经济、社会、环境等综合效益的系统工程,可获沼气、肥料,是牛场综合利用的一种最好形式。如7-2所示。

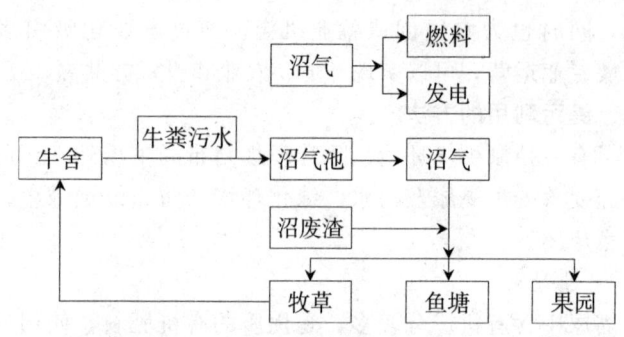

图7-2 牛粪综合利用示意图

(三) 用牛粪栽培蘑菇后再做肥料

用牛粪栽培蘑菇(又称双孢蘑菇)以福建省栽培面积最广,产量最多,其次是广东。双孢蘑菇营养丰富,味道鲜美,有"素中之肉"的美称。我国生产的蘑菇,80%用于加工罐头出口,在国际市场上享有很高的声誉,是出口创汇产品之一,每吨蘑菇罐头可换回16吨小麦和27吨化肥,可见用牛粪发展蘑菇的生产前景很广。

(四) 加工生产复合肥料

牛粪经过堆放或人工发酵池发酵后,晒干或烘干、粉碎、过筛。根据用于不同作物,如果树、蔬菜、花卉等对肥力的不同要求,添加相应的氮、磷、钾等成分,制成相应的专用复合肥。

(五) 污水循环利用

牛场污水可经过机械分离、沉淀、生物过滤、氧化分解等环节处理后,可循环使用,既减少了对环境的污染,节约用水开支,又利于疫病防治。处理方法可归纳为物理法、化学法和生物法。处理程度按两级处理。一级处理为预处理,是应用物理法从污水中除去悬浮状态的有机物转化为稳定的无害物质。经过两级处理的污水,一般能除去90%~95%的固体悬浮物和90%左右可降解的有机污染物,能大大改善水质。

第八章 肉牛的规范化育肥

育肥牛的饲养方式有很多种,根据饲养方式的不同可分为舍饲育肥和放牧育肥。根据肉牛育肥所采用的主要饲料类型可分为粗料型育肥和精料型育肥。根据肉牛育肥的强度可分为持续育肥和快速育肥。另外,针对一些年龄大、体弱多病的牛可进行淘汰牛、老残牛的短期育肥。

第一节 舍饲育肥和放牧育肥

一、舍饲育肥

根据育肥牛的月龄、性别,可采取散放的圈养和拴系饲养两种方式。幼龄期的育肥牛,适合散放圈养。将性别相同、体重和月龄相近的牛编为一组,放在一个圈内群养。全价日粮,自由采食,自由运动。一般每圈10~15头为宜,分组后相对稳定。这种方式的优点是节省劳动力,提高牛舍利用率(每头占槽0.8平方米),有利于发挥每头牛的增重潜力,但牛采食有竞争性,有可能出现发育不整齐的现象。架子牛和月龄较大的育肥牛应采用拴系饲养方式,按其大小、强弱编好次序,定好槽位。这种方式的优点是便于控制牛的采食量和增重,采食均匀,可以个别照顾,减少互相争斗,爬跨现象,易于检查病患。此法用工较多,牛舍利用率低(每头牛占槽1.0~1.1平方米)。

我国农区普遍采用育肥牛舍内拴系饲养。

(一)舍饲育肥牛的饲养管理

1. 适应期饲养管理 养殖户新购入的待育肥牛,由于饲养条

件和环境前后各不相同,因此,须经过10~20天的适应期,使牛只习惯于新的环境。在适应期内应做好以下工作:

(1) 饮水　牛只经长距离、长时间的运输,应激反应大,胃肠食物少,体内严重失水。此时对牛只补水是第一位工作。第1次饮水,应限制饮水量,切忌暴饮;第2次饮水,应在第1次饮水后3~4小时,此时可自由饮水。第1次饮水时可加入少量人工盐(50克/头),第2次饮水时水中掺些麸皮效果更好。

(2) 饲喂优质干草　当牛只饮足水后,可饲喂优质干草或秸秆,第1次饲喂应限量,每头牛4~5千克,2~3天后逐渐增加给量,5~6天后让其充分采食。

(3) 混合精料的饲喂　牛只经过饲喂2~3天的粗饲料后,开始饲喂混合精料,精料量一般占活重的0.25%~0.5%,以后逐渐增加到计划量。

(4) 其他管理　分群或固定槽位,当天晚上应有管理人员不定时地到圈内观察,应及时处理突发状况。进行体内外驱虫和健康检查、健胃。根据市场需要,是否进行去势,去势的方法有无血去势法、阉割法、药物去势等多种。在适应期间,为了使牛只尽快适应新的环境条件、场地和人员,饲养人员应主动地去接近牛只,除每天喂饲、饮水外,还应给每头牛进行刷拭。观察每头牛的精神状态、食欲等情况,发现异常及时处理。

2. 育肥期饲养管理

(1) 每日定时喂饲2次或3次,其间隔不应少于6小时,每次采食时间为1.0~1.5小时,月龄小的牛只采食较慢,可适当延长时间。饮水应在喂饲后1小时进行,夏季饮水2~3次,冬季2次,最好饮温水。

(2) 精料应提前几小时用水调湿,焖软,然后与粗饲料混拌均匀,分批、分次喂给。也可先将精料拌一部分粗饲料现喂,吃完后再将余下的粗饲料添入槽中。

(3) 日粮的种类应该相对稳定,不可朝定夕改,如调换日粮时，要逐步进行。

（4）添加尿素时，要有一个适应过程，先给定量 1/5～1/4，以后每天逐渐加量，经过一周左右时达到计划给量。日喂量要分次喂给，而且在喂尿素的整个期间，中间不能间断，喂时将尿素拌入料中，不可将尿素溶于水中饮用，以防中毒。饮水应在喂后1.5 小时。

（5）精料酸中毒的预防。在肉牛育肥期内，采用高精料日粮，牛只往往会发生腹泻现象，称为酸中毒。预防方法有：每头日喂瘤胃素 50～360 毫克，或按混合精料的 1%～2% 添加碳酸氢钠，或减少谷物饲料的进食量，增加粗饲料的给量。

（6）育肥牛的饲料要相对固定，并由固定的人员按照固定的时间进行饲喂。

（7）饲料、饲草中尽量避免含砂石、金属等异物，发现异物及时取出；发现饲料发霉腐败，不得使用；饮水要卫生；牛槽要及时打扫，防止草料残渣在槽内发酵或霉变；每天刷拭，保持牛体清洁卫生；经常刮粪，保持牛床清洁，干燥。

（8）经常观察牛只精神状态、食欲、粪便，发现异常及时处置。

（二）舍饲育肥牛的出栏判定

1. 采食量判定　采食量下降。绝对日采食量随着肥育期的增加而下降，如下降量达正常量的 1/3 或更少，或者按活重计算，日采食量（以干物质计）为活重的 1.5% 或更少。

2. 利用肉牛几个部位脂肪沉积程度来判定　主要部位有坐骨端、腹肋部、腰角部等，是否有沉积的脂肪，厚薄。

3. 用肥育度指数来判定　利用活牛体重和体高的比例关系，指数越大，肥育度越好，但也不是无止境的，据研究认为，阉牛的肥育度指数以 526 为最佳。计算方法为体重÷体高×100。

以上几种评定出栏标准并不是绝对的，一般来讲，育肥牛的膘情达中上等及以上标准者，即须及时出栏。目测和触摸肉牛膘情标准如下：

（1）上等膘　肋骨、脊骨和腰椎横突起均不明显，腰角和臀端部很丰满，呈圆形，全身肌肉很发达，肋部丰圆，腿肉充实，并明显向外突出和向下部伸延。

（2）中上等膘　肋骨、腰椎横突起不明显，腰角、臀端部圆，全身肌肉较发达，腿部肉充实，肋部较丰满。

二、放牧育肥

育肥牛以采食天然牧草为主，在枯草季节适当补饲精料。实行放牧育肥的前提条件是要有广阔的草地，能提供牛生长所需的大部分营养。在我国主要适合于草原地区或部分丘陵地区。其优点是成本低，劳动力消耗少，无须考虑粪便污染。缺点是营养难以控制，育肥时间长，商品率低。

（一）放牧育肥的一般技术

1. 合理分群，以草定畜　一般30～50头一群较好。牛群的组群原则是同质性要高，即同一群放牧牛，性别、年龄、体重、膘情等方面要基本一致。一致程度越高，生产效果越好，否则，就会影响育肥牛的增重。比如，在阉牛群中放入母牛则牛群不能安静。不同年龄的牛不仅对植被的爱好有别，而且采食能力、耐劳程度、游走速度也不相同，混群放牧易导致采食量较大差异而影响育肥效果。不同体重牛要求草场的面积不同，要根据体重合理配置。据报道，两种不同性别和年龄的牛进行组群放牧育肥试验，体重差异大的放牧群育肥增重效果只有体重近似组的2/3，3岁以上母牛的增重则比1～2岁阉牛高20%（表8-1）。

表8-1　体重近似群与体重差异大牛群放牧育肥的增重效果比较　　（单位：千克）

组别		平均始重	平均末重	全期增重	比较（%）
1～2岁公牛	体重近似群	165	293	128	100
	体重差异大群	158	243	85	66
3岁以上母牛	体重近似群	263	416	153	100
	体重差异大群	280	373	93	61

育肥期为5～9月份。放牧时间,5月份和9月份每天12～13小时,6～8月份每天15～16小时。每天饮水3～4次。

2. 合理放牧　南方地区可全年放牧育肥,北方可在每年5～9月份作为放牧育肥期。放牧的最好季节是牧草结籽期,每天应不少于12小时放牧,至少补水1次,同时注意补盐。

放牧育肥牛要定期驱虫、防疫。为防牛皮蝇的侵蚀而损伤皮肤,可外用亚胺硫磷乳油,每千克体重30毫升,喷洒于牛背部皮肤,杀虫效果较好。

放牧期夜间最好能补饲适量混合精料。如果有条件,每天补给精料量为育肥牛活重的1%,补饲后要保证饮水。

为了提高放牧育肥牛的商品率,冬季要限量饲喂,使架子牛的日增重不超过400克,以便于肉牛夏季放牧能达到最大生长量。春季牧草含水量高,不要过早放牧,放牧季节结束后及时、充分补充饲料,促进生长。

(二)放牧育肥的注意事项

(1)犊牛断奶后,即可随母牛一起放牧。放牧时犊牛每头每天补0.25千克精料,同时喂给土霉素25克。6月龄断奶后至12月龄,白天放牧,晚间则应补饲精料0.5千克,加尿素、食盐各25克。短期放牧育肥适宜于从春天开始。出牧前,应对牧牛进行编号和分组,同时安排驱虫、修蹄和截除牛角。

(2)一般将育肥期分为3期,每期1个月左右,在返牧后补饲精料。精料的补饲量,按每增重1000克补饲2千克。优质肉牛在较好的放牧饲养条件下,每天平均日增重可达到700克以上,平均每1000克增重消耗精料2千克左右。

(3)育肥牛在整个育肥期要保持一致的饲养水平,头年生的犊牛应特别注意越冬期的饲养。对于春犊应抓好秋季的放牧管理。秋犊则应在越冬前送入植被覆盖好、豆科牧草比例大、有安全水源的草场放牧,并补充少量能量饲料和矿物质,这对犊牛的生长积膘、安全渡过放牧期十分有利。在冬季不仅应在返牧后补饲干草，增加精料喂量，而且要适当补充蛋白质和维生素A。可以每半个月注射0.5万～1万单位维生素A，以保证犊牛健康成长。冬季过后，对育肥牛进行驱虫，并开始快速育肥，除全天放牧外，应每天分3次补饲青草及1～2千克精料、50克尿素和25克食盐。在良好的饲养条件下，体重100～140千克的犊牛平均日增重可达1000克。这样经过5个月左右的育肥，头年出生的犊牛就能达到350～400千克的体重，但体重小的秋犊在越冬后长到400千克比较困难。采用连续性育肥的优点是育肥牛的生长只经过1个冬季，全程饲养时间短，共18～20个月，有利于提高饲料报酬和肉牛出栏率。

(4) 水源距牧地不能太远，同时水的质量要好。在有条件的情况下，设置饮水槽是防止水源污染的好办法。牛饮水时，要注意管理，防止拥挤和角斗。

(5) 实行分区轮牧制度。轮牧区的大小，主要根据草场产草量和牛群大小确定。一般优良的草场，每公顷可养牛18～20头；中等草场，每公顷可养牛15头；而较差的草场只能养3头牛。每个小区轮牧的次数，因草场类型、气候和水源条件的不同而可能差异很大，水源较好的草甸草场可轮牧4～5次，一般草场可轮牧2～4次，而差的草场只可轮牧2次。因此，所有草场到底可养多少牛，牧民应根据自己的草场质量进行仔细的估算。畜、草量适当相配，不仅能提高养牛的效益，而且可使草地生产力稳定。超载过牧，会造成草地退化，生产力下降，导致生态环境恶化。

第二节 粗料型育肥和精料型育肥

一、粗料型育肥

充分利用农作物秸秆等饲料资源，牛的日粮组成以粗料为主，精料作为补充料，通过较长时间的育肥，达到出栏体重的育肥方式。这种育肥方式可以降低饲养成本。它要求大力提倡秸秆氨化、青贮和微贮等加工贮制技术，充分利用米糠、麸皮、酒糟等副产品，添加非蛋白氮补充蛋白质的不足。育肥初期，精、粗料比最低可在 2∶8 或 3∶7；育肥后期，精、粗料比最高为 5∶5 或 6∶4。这种方法的优点是充分利用农作物秸秆，饲养成本低，饲料投资少，适宜广大农村采用。缺点是饲养时间长，经济效益不很高。这种育肥方式是我国农村养牛户使用最多的。粗料型育肥，根据饲料供应情况又可分为以青贮玉米为主，以氨化、微贮秸秆为主和以糟渣类饲料为主等不同育肥方式，在生产中要根据实际情况灵活掌握。

（一）以氨化、微贮秸秆为主育肥

秸秆用作牛的饲料，应对其进行氨化、青贮或微贮。青贮主要使用玉米穗收获后尚青绿的玉米秆上半部分，而氨化和微贮则可利用麦秸、稻草、玉米秸、高粱秸等作物秸秆。根据试验测得，育肥牛饲喂微贮麦秸在每头牛每天添加混合精料 3 千克的条件下，与喂未加工处理天然麦秸相比较，平均日增重提高 20.1%，屠宰率和净肉率分别提高 2.4% 和 3%，胴体重增加 20 千克。使用青贮、微贮和氨化玉米秸育肥牛，在日喂混合精料 3.5 千克的条件下，各组牛与饲喂未加工干玉米秸育肥牛比较，平均日增重分别提高 24.7%、22.1% 和 15.2%，每增重 1000 克活重消耗饲料费分别降低 22.9%、12.2% 和 9.2%。

以青贮、微贮或氨化方法加工处理的秸秆作为粗饲料进行肉牛育肥，一般要求每天搭配的混合精饲料量不少于 2 千克。如增加精饲料喂量，育肥牛的日增重会明显上升。一般来说，随着精料喂量的增加，虽然牛的日增重增加，但精料与牛增重之比也逐渐增加，饲养成本增加。所以，掌握适宜的精料喂量对于提高育肥效益也非常重要。目前国内用秸秆作为育肥牛的粗饲料，搭配的精饲料量一般在 0.5～3.5 千克之间。精料用量的多少还与饲养的牛品种相关。

(二) 青贮玉米育肥

青贮玉米是育肥肉牛的优质饲料。蜡熟期全株玉米（不收穗）青贮后用于肉牛育肥虽然效果很好，但不符合我国人多地少、饲料用地紧张的现实，所以在收获玉米子粒后立即将青绿玉米秸进行青贮，用于肉牛育肥，虽然效果比蜡熟期全株玉米青贮差，但要远远优于干玉米秸秆。

在使用青贮饲料时，加喂青贮干物质2.0%的尿素，对牛的增重更有利。其原因是因为秸秆的蛋白质含量低，补充尿素可增加氮源。在青贮时加入尿素也是一种很好的方法，同时还应注意补充能量饲料、矿物质饲料和维生素。如果每头牛每天添加10~15克小苏打，还可减少有机酸对牛的危害。

(三) 糟渣类农副产品育肥

糟渣类饲料是指酿酒、制糖、制粉等的副产品，包括白酒糟、啤酒糟、豆腐渣、甜菜渣和红薯渣等。这类饲料在鲜重状态下含水量高，可达90%以上，甚至更高。体积大，营养成分少，且不易贮存，但适口性好，粗蛋白质可占干物质的10.7%~30.7%，价格低廉，是肉牛饲养中可利用的一大粗饲料来源。如果利用得当，可以大大降低肉牛生产饲料成本。

用酒糟作为育肥牛的饲料，在我国已有悠久的历史。酒糟必须是新鲜的，最好加热到20℃~30℃饲喂，以防牛发生胃肠病。开始时应少给一点，以使牛逐渐适应酒糟的气味，半个月后，就可以逐渐增加喂量。到育肥中期，成年牛日喂量最多可达到35~40千克，幼牛为20~25千克，体型较小牛为20千克。酒糟的适宜喂量以占日粮的35%~40%为好，同时应搭配适口性好的精料。每天给食盐50~60克，石粉40~50克。在饲用白酒糟时间较长的情况下，日粮中应补充维生素A。

表8-2 以啤酒糟育肥牛日粮配方（单位:%）

	玉米粉	大麦	麸皮	棉子饼	啤酒糟	食盐	矿物质	粗饲料
育肥前期	13	10	10	10	25	0.5	1.5	30
育肥中期	30	10	10	8	20	0.5	1.5	20
育肥后期	47.5	15	5	6	10	0.5	1.0	15

注：参考《西门塔尔牛养殖技术》

用豆腐渣喂牛也能取得良好效果。每头牛每天喂豆腐渣20千克，加谷草5千克，搭配玉米面0.5千克、食盐30克，牛的日增重达1000克。用甜菜渣育肥肉牛，日喂量20~25千克，育肥中期可增加到30~35千克，每天加喂干草2千克、秸秆3千克、混合精料0.5~1.5千克和食盐50克，也可获得很好的效果。此外，如制作果汁饮料后剩余的柑橘渣、苹果渣，制粉后剩余的甘薯渣等，都是育肥肉牛的好饲料。

饲喂糟渣类饲料时应注意以下几点：

(1) 酒糟必须是新鲜优质的，如暂时喂不完，可采用袋式、缸式、堆式或窖式等方法进行封闭贮藏。

(2) 糟渣类粗料贮藏时，若原料含水量超过80%，在贮藏时应掺入干粗料和麸皮等，使含水量降到70%以下。

(3) 糟渣类饲料和其他饲料应搅拌均匀后再饲喂。

(4) 使用酒糟类饲料时，应给牛半个月的适应期，喂量逐渐由少到多。

(5) 在大量饲喂鲜甜菜渣时，要减少饮水，若是干甜菜渣，应充分浸泡6~10小时后再饲喂。

(6) 发霉变质的酒糟不应喂牛，冰冻的要化开后再使用。

(7) 使用酒糟类饲料，必须预防牛的消化不良。

二、精料型育肥

以精料为主，精、粗料结合的饲养模式，是生产高档牛肉的一种饲养方式。其特点是在整个育肥期内都大量使用精料育肥。

育肥前期,一般精、粗料比控制在 4∶6 或 5∶5,后期则为 7∶3 或 8∶2。这种育肥方法的优点是肉牛日增重高,平均在 1000 克以上,肉质好,高档肉比例高,饲料转化率高,但是缺点也是很明显的,就是投资大,风险大。

第三节 持续育肥和快速育肥

一、持续育肥法

持续育肥是指在育肥的全过程中保持始终一致的较高营养水平,一直到肉牛出栏。持续育肥法是犊牛断奶后立即进行育肥,一直到出栏(12~18 月龄,体重 400~500 千克)的育肥方法。它既可采用放牧加补饲的方法,也可采用舍饲拴系饲养的方法。从经济的角度看,采用放牧加补饲的办法,可减少精料的消耗,育肥成本低,能获得较高的增重。如果没有放牧条件,完全采用精料育肥,从饲料转化率来讲,不够经济,代价较大。

下面介绍几种持续育肥方式下的育肥牛育肥日粮配方实例:

(一)育肥 9~10 月龄、体重 250 千克左右育成牛日粮配方

要求日增重 1000 克。青、粗饲料为小麦秸、带穗青贮玉米,自由采食。育肥期 8~9 个月。

表 8-3 日增重 1000 克育肥牛饲料配方(单位:%)

育肥阶段及时间		豆饼	棉子饼	玉米	小麦麸	骨粉	贝壳粉	食盐	微量元素
Ⅰ	4.5 月龄	18	20	49.9	10	1	—	1	0.1
Ⅱ	1.5 月龄	8	15	67	8	1		1	
Ⅲ	2 月龄	16.6	6.4	67	8	1		1	
Ⅳ	1 月龄	22		68	8	1		1	

(二)育肥 10~14 月龄、体重 300~400 千克育成牛日粮配方

计划日增重 900~1000 克,育肥期 9 个月。

表 8-4 日增重 900~1000 克育肥牛饲料配方（单位：千克）

育肥阶段及时间	肉牛专用浓缩料*	玉米	酒糟	玉米秸
适应期（30 天）	0.5	1.5	8	10
育肥Ⅰ期（60 天）	1	3	15	7
育肥Ⅱ期（90 天）	1	4	15	5
育肥Ⅲ期（69~90 天）	1	5	15	4

注：浓缩料配方含棉子饼 80%，石粉 8%，食盐 5%，添加剂 7%。

（三）育肥 19~20 月龄育成牛日粮配方

要求日增重 1200 克，育肥期 8 个月，干草任意采食，每天加喂混合精料 5 千克。精饲料配方：玉米 74%，豆饼 14%，麸皮 10%，食盐 1%，骨粉 1%。

（四）育肥体重 300 千克以下育成牛日粮配方

预计日增重 900 克，每头牛每天干物质采食量为 7.2 千克。

表 8-5 体重 300 千克以下育成牛日粮配方（单位:%）

配方	玉米	棉子饼	胡麻饼	鸡粪	玉米青贮（带穗）	玉米黄贮	小麦秸	玉米秸	食盐	石粉	干草粉	白酒糟
Ⅰ	17.1	19.7	—	8.2	17.1	—	36.6	—	0.3	1.0	—	—
Ⅱ	15.0	22.9	—	8.0	17.9	—	35	—	0.2	1.0	—	—
Ⅲ	10.0	12.0	—	—	44.6	—	—	3.0	0.4	—	—	30.0
Ⅳ	15.0	—	13.5	—	—	35.0	—	—	0.4	—	5.0	31.1
Ⅴ	19.0	—	13.0	—	—	17.6	—	—	0.4	—	5.0	45

（五）育肥体重 300~400 千克育成牛日粮配方

每头牛每天采食干物质 8.5 千克，日增重可达 1100 克。

表 8-6 体重 300~400 千克育成牛日粮配方（单位：%）

配方	玉米	棉子饼	胡麻饼	鸡粪	玉米青贮（带穗）	玉米秸	食盐	石粉	干草粉	白酒糟
I	10.4	32.2	—	4.1	13.4	9.1	0.3	0.5	—	30.0
II	25.0	13.0	—	—	37.0	3.0	0.4	0.5	—	21.1
III	8.6	—	7.0	—	36.0	—	0.4	—	—	48.0
IV	11.0	—	8.6	—	25.0	5.0	0.4	—	—	50.0
V	19.0	—	13.0	—	17.6	—	0.4	—	5.0	45.0
VI	37.6	—	10.0	—	19.0	—	0.4	—	5.0	28.0

（六）育肥体重 400~500 千克育成牛日粮配方

计划日增重 1000 克，每头牛每天干物质采食量为 9.8 千克。

表 8-7 育肥体重 400~500 千克育成牛日粮配方（单位：%）

配方	玉米	玉米青贮（带穗）	食盐	白酒糟	棉子饼	玉米秸	石粉	胡麻饼	干草粉
I	16.7	37.4	0.7	10.0	24.7	9.5	1		
II	21.1	34.5	0.6	4.0	29.2	9.1	1.5		
III	25.0	37.0	0.4	21.1	13.0	3.0	0.5		
IV	25.8	37.0	0.4	20.3	13.0	3.0	0.5		
V	38.6	22.0	0.4	26.0				9.0	4.0
VI	18.6	22.0	0.4	47.0		5.0		7.0	
VII	16.0	32.0	0.4	45.0				6.6	

二、快速育肥法

快速育肥法，也叫后期集中育肥法，就是将具有一定体况（骨架）、身体不丰满、年龄在 1~3 岁、不够屠宰体重的架子牛，集中舍饲 3~4 个月，采取强制性育肥，使其丰满增膘后出栏。异地育肥技术是后期集中育肥方式的典型，具体做法是，在较短的时间内（一般 90~120 天）喂以较多的精料，让其增膘，以达到上市体重。这种方法既能改善牛肉品质，提高牛肉商品率，减少精料消耗，降低成本，又可增加资金周转次数，提高牛舍的利用率，提高经济效益。这是我国育肥牛场采用最多的育肥方式。

(一) 快速育肥法的特点

每头育肥牛每天供给的精饲料量都在 3 千克以上, 一般 3~7 千克 (干物质), 我国牛场多采用 3~5 千克, 而国外牛场高的可达 7~10 千克。这种育肥方法的优点是育肥牛生产的高档分割牛肉块和优质牛肉比例高, 牛的饲养周期短, 经济效益好。缺点是生产投入成本高, 饲料转化率低。用大量谷物喂牛与我国人多地少、饲料量不足的国情不相符合。

前期多粗饲料育肥模式主要是利用牛的补偿生长特性和优势, 通过前期使用大量粗饲料首先使牛的体况发育壮大, 具有肉牛体型, 并锻炼牛的消化器官, 而使其在后期具有较大的采食量和消化能力, 然后通过提高精饲料喂量加大牛的肉、脂沉积, 提高胴体品质和肉的等级。该方法的优点是投资费用小, 能因地制宜充分利用当地饲料资源, 甚至在不少地区利用的是被视为废物的农业副产品。因此, 该育肥方法常会取得可观的经济效益。

(二) 育肥牛的饲养管理

快速育肥法一般将育肥期分为前后两个阶段或 3 个阶段, 总育肥时间达 12~15 个月, 开始购牛入场时间一般不迟于 12~16 月龄。

在育肥前期, 以饲喂粗饲料如优质干草、青贮玉米、氨化秸秆、微贮秸秆等为主。要限制精料的喂量, 以免由于精料过多造成牛体脂肪沉积过多, 影响育肥后期增重。该期一般使牛保持 450~600 克的日增重即可, 但不能低于 400 克, 时间不宜超过 5 个月, 所以大多选择 120 天至 140 天。

育肥中期一般 5 个月, 日增重指标 1000 克。该期是利用牛补偿生长的主要阶段, 要求日粮的蛋白质水平相对较高, 而能量水平相对较低。无论是粗饲料种类, 还是配合精料的饲料, 都应尽量多样化。精饲料喂量可提高到日粮比例的 65%~80%, 但在过渡时应逐渐增加, 适应期一般为 2 周。

育肥后期的主要目的是为了进一步使肉质改善, 使牛肉形成大理石花纹，同时使牛的生长更完美发挥。因为前期多粗饲料育肥模式，育肥牛在快速补偿生长情况下，脂肪沉积皮下较多，而肌间脂肪太少。因此，育肥后期的蛋白质水平要相对降低，能量水平提高，以利于脂肪渗透到肌纤维间。育肥后期一般为 5 个月，日增重控制在 800 克，比育肥中期稍低，育肥结束时牛的体重达到约 600 千克。

在二期育肥模式下，则将中期延长 1～2 个月，使牛达到 500 千克时出栏。

（三）日粮配方实例

采用快速育肥法，对育肥前期的饲料配合无严格要求，一般情况下，饲喂优质干草、青贮玉米秸秆、氨化秸秆、微贮秸秆等粗料，只需补加少量精料就可达到要求的增重指标。

对育肥中后期的日粮则需按饲养标准配合，且一般应按日增重 1000～1200 克的饲养标准，以使牛尽快育肥。以下提供 3 个精饲料配方实例。

表 8-8　快速育肥牛日增重 1000～1200 克饲料配方（单位：%）

配方	玉米	麸皮	大麦	苜蓿粉	豆饼	食盐	骨粉	棉子饼	矿物质	维生素
I	70.0	10.0	8.0	5.0	5.0				1.0	1.0
II	74.0	10.0			14.0	1.0	1.0			
III	53.0	28.5				1.0	1.5	16.0		

第四节　育肥牛日粮

肉牛育肥离不开饲料，为了达到比较理想的增重指标，每天必须喂给相应的饲料。这些饲料，一要有一定的体积，使牛有饱腹感，二要满足牛的自身维持和增重的营养需要，只有做到这两点，才能达到育肥的目的。

一、采食量

育肥牛每天采食饲料的数量，直接影响育肥效果。采食量与牛的体重、饲料的品质和适口性有关，日粮的能量水平、气候状况、管理方法不同，采食量也不同。大体上，6~24月龄期间的育肥牛，每头每天干物质采食量为体重的2.0%~2.7%。

二、精粗饲料的搭配比例

精粗饲料比例，取决于粗饲料的种类、营养成分含量、价格以及牛的年龄、育肥期的不同阶段、预期增重目标等。按干物质计，精粗比例为1：(2~3)。以持续育肥为例：开始重200千克，平均日增重1000克，最后达到500千克出栏体重。以风干物计，粗饲料以优质干草为主的日粮，精、粗饲料的比例为30：70，以玉米秸和青贮为主的日粮，精、粗饲料比例为40：60，而以酒糟为主的日粮，精、粗料比例为25：75。

三、日粮配方

理想的日粮配方，应是成本低、营养全、增重快，有利于改善牛肉的品质，经济效益高。

日粮配制应首先注意各种饲料的价格，最大限度地利用当地产量多、易收集、质优价廉的饲料，饲料的含水量，适口性及消化率，肉牛的营养需要量和增重指标，尽可能多种饲料搭配，有助于营养互补。

四、营养类型

肉牛在育肥全过程中，按营养水平划分，可分为：高高型，从肥育开始直至结束，都是高营养水平；中高型，肥育前期中等营养水平，后期高营养水平；低高型，肥育前期低营养水平，后期高营养水平。如果肥育前期高营养饲喂，期间可获得较高的增重，但持续时间不能太长，当继续高营养水平饲养，增重反会降低。肥育前期营养水平控制在低水平时，期间增重较低，但当采用高水平营养后，增重提高较快。因此，从肥育全程的日增重和饲养天数综合比较，肉牛肥育期的营养类型以中高型较为理想。

五、不同氮源饲料对肉牛增重效果的影响

蛋白质是动物生长不可缺少的营养物质，因此合理地利用饲

料蛋白质和优化饲料蛋白源对降低生产成本、提高经济效益是一项十分必要的措施。根据我省蛋白质饲料资源情况,来源广、用量大的主要有两种,一个是饼粕类,另一个是玉米酒糟。据1999年吉林省"优质肉牛产业化生产技术研究"课题组对这两种蛋白源饲料对肉牛增重效果、饲粮养分消耗及对屠宰性能的影响,研究结果表明:

第一,在同一饲养环境及饲养水平下,以玉米酒糟为蛋白源的配合饲料饲喂肉牛日增重和饲料转化率高于以豆粕为蛋白源的配合饲粮,其屠宰率、净肉率、肉骨比等产肉性能指标也高于以豆粕为蛋白源的配合饲粮。

第二,从饲粮养分消耗来看,年龄较大的牛对玉米酒糟利用效果较好。用玉米酒糟作为饲粮蛋白源,其蛋白质的净利用率为27.40%,高于豆粕(21.22%)。从过瘤胃蛋白比例看,玉米酒糟也显著高于豆粕。就是说,豆粕作为肉牛蛋白源饲料时,肉牛只有采食更多的豆粕饲粮才能提供足够的过瘤胃蛋白。

第三,从经济效益分析结果看,以玉米酒糟为蛋白源饲粮的试验牛纯收入比以豆粕为蛋白源饲粮的试验牛每头多65.16元。

以下介绍几个育肥牛的配方:

表8-9中,1号配方用于350千克以下育肥阶段的肉牛,2号配方用于350~400千克育肥阶段的肉牛,3号配方用于400千克以上育肥阶段的肉牛。

表8-9 育肥牛常用配方(单位:千克)

配方号	1	2	3
酒糟	10	13	15
玉米黄贮	12	96	
玉米	1.78	2.77	3.98
麸皮	0.34	0.25	0.20
豆粕	0.10	0.08	0.05

续表

配方号	1	2	3
棉粕	0.85	0.64	0.40
碳酸氢钙	0.15	0.15	0.15
尿素	0.11	0.12	0.14
食盐	0.05	0.05	0.05
添加剂	0.02	0.02	0.02
精料重	3.40	4.08	4.99
DM	8.61	8.97	9.32
CP	1124	1178	1221

六、日粮中非蛋白氮的利用

非蛋白氮如尿素、碳酸氢铵等一些化合物，含有大量的氮，这种氮可被反刍动物瘤胃微生物利用合成菌体蛋白。菌体蛋白随饲料进入真胃、小肠后被动物消化、吸收利用，具有和饲料蛋白质相同的作用。因此利用尿素、碳酸氢铵等含氮化合物代替部分饲料蛋白质，不仅节省了蛋白质饲料，而且还可降低成本。

目前应用较多的是尿素砖和尿素拌料。尿素砖是用尿素做成砖块，让牛自由舔食，是放牧条件下补充蛋白质不足的一种简易方法。尿素砖成分为：40％尿素、47.5％食盐、10％糖蜜、2.5％磷酸钠、少量的钴，经压制后成砖形。通常为了提高适口性和尿素利用率，制砖时常混入高淀粉饲料，为了补充微量元素，还加入钙、磷和其他微量元素。为了避免牛舔食过多而发生中毒，也可加入一定量的磨碎的秸秆或稻壳，以降低舔食量。

尿素拌料是将尿素与精料混匀后调成糊状，拌在秸秆中饲喂。每头肉牛尿素日喂量以 30~100 克为宜，喂时量要由少到多，使牛有个适应过程，如突然喂多就会引起中毒。此外，尿素决不能溶在水中饮喂，不可单独喂。据全国不同地区试验结果，秸秆氨化后喂牛，在相同饲料营养水平下，较不补充尿素秸秆直接喂牛，日增重平均提高3倍以上。用尿素替代豆饼或苜蓿，牛的日增重和饲料利用率均相似。

第五节 育肥季节及出栏适期

无论采取何种育肥方式和方法，最终都要将育肥牛出售，以获得经济效益。本节着重介绍育肥牛在何时出栏才能创造最大的经济效益。

一、育肥季节

（一）育肥季节

以春、秋及初冬季节育肥较为适宜，如果有防寒、避暑设施，可常年进行育肥生产。

（二）育肥期

根据育肥牛的月龄、性别、品种、日粮水平，以及市场需求来决定育肥期的长短。一般情况，6~8月龄断奶公犊，育肥期为10~12个月；10~12月龄育成公牛，育肥期为8~10个月；15~18月龄公牛，育肥期为5~6个月，阉牛为6~8个月；18个月龄以上公牛，育肥期为3~4个月，阉牛为5~6个月。

二、出栏适期

育肥牛的出栏适期，应根据体重、肥度及市场的需求而定。一般公牛在18~22月龄，不超过24月龄出栏；阉牛在22~24月龄，不超过30月龄出栏。

第六节 淘汰牛、老残牛的短期育肥

随着养牛业的发展，淘汰母牛、老残牛将会越来越多。这些牛体型大，出肉量大，但屠宰率低，肉质较差。因此，对还有潜力的西门塔尔老残牛、淘汰母牛进行屠宰前短期育肥，提高其产肉效率,获取更大的经济效益是一件很有利的事。

一、育肥牛和季节的选择

淘汰牛、老残牛在育肥之前,首先应做全面检查。病牛或采食困难的牛都不应育肥。育肥季节可在秋、冬、春三季进行,夏季天气炎热,影响育肥效果。育肥时间一般为3个月。

二、育肥饲料的组成

短期育肥必须保证牛对营养物质如蛋白质、能量和矿物质的需求,并尽量满足对维生素的要求,这样才能达到预期的效果。以下提供3个日粮组成实例。

1. 日粮组成Ⅰ 玉米1.5~2.5千克,豆粕0.5~1千克,酒糟15~20千克,骨粉50克,食盐50克。豆粕中可以加尿素100克,添加剂50克。

尿素绝不可溶于水中让牛饮用或单独饲喂,以免引起中毒。开始饲喂尿素时,应由少量逐渐增加。每天的总喂量不能集中1次饲喂,而应分成2~3次。若无酒糟,可用干草、青贮玉米或微贮玉米调制成基础饲料,喂前拌匀,日喂3次。饲喂时少给勤添,让牛自由采食,每头牛日喂量不低于20千克,并饮足水。随着牛体重增加,要相应增加精饲料喂量,减少粗饲料喂量。

2. 日粮组成Ⅱ 粗饲料为优质干草或青贮、微贮秸秆,自由采食。精饲料每天3千克。精饲料配方比例为:玉米63.5%,麸皮14%,苜蓿粉10%,豆饼6%,芝麻饼5%,骨粉或贝壳粉1%,食盐0.5%。

3. 日粮组成Ⅲ 见表8-10。

表8-10 育肥牛短期育肥配方示例

育肥时期	青贮玉米（千克）	干草（千克）	氨化秸秆（千克）	混合精料（千克）	食盐（克）	矿物质（克）
第1阶段	45	4	4	——	40	50
第2阶段	40	4	4	1.5	40	50
第3阶段	40	4	4	2.0	40	50

此例日粮中青贮玉米用量大,瘤胃的消化功能必须持久地维

持正常。因此，育肥开始时，青贮的数量要逐渐增加。

三、饲养管理

（一）育肥法

瘦弱牛的复壮老年牛大多体质较差，影响育肥效果。因此，首先加以调整，进行健胃、复壮等，有利于提高育肥的效果。

1. 老牛壮膘法　黄荆子（炒黄）100～150克，研成细末，掺入饲料内喂服，两天1次，15天有效。也可用红糖、红枣各250克，当归150克，煎汤去渣喂牛，每天1次，7天后见效。

2. 消化力差复壮法　健曲、人工盐、生长素，按3∶2∶1的比例混合，每天50克，分两次拌入草料喂牛，7天有效。或把胡萝卜煮熟用猪油搅拌，日喂3千克。或生熟萝卜各半，日喂3～4千克。

3. 健胃法

（1）生石膏60克，知母50克，淡竹叶50克，麦芽100克，山楂100克，神曲100克，甘草50克。水煎服，每日1剂，连服3天。

（2）苍术50克，甘草50克，焦三仙200克。水煎服每日1剂，连服3天。

4. 提高食欲　玉米或小麦2.5千克，发芽后磨碎，每天喂0.25千克，连喂10～15天。

（二）饲养方法

采用舍饲拴桩法，不放牧，不运动，缰绳拴短，35～40厘米即可。育肥牛应密集排列在舍内，减少牛的活动。饲养在较暗的环境中有利于增膘。保持育肥场地环境的安静和牛舍的清洁卫生，通风良好，牛槽和饲具经常刷洗，夏天应每天彻底消毒1次。不喂发霉、变质、冰冻和带沙土的饲料。

第九章　肉牛的饲料种类及安全生产技术

第一节　饲料的种类

一、青饲料

青饲料是指天然水分含量高于60%的青绿饲料类、树叶类及非淀粉质的块根块茎瓜果类。

青饲料的水分含量高。青饲料水分含量一般在75%~90%。蛋白质含量高，干物质中蛋白质含量为10%~20%。各种必需氨基酸含量充足，其中必需氨基酸以赖氨酸、色氨酸和精氨酸的含量最多，所以青饲料的蛋白质生物学价值较高，一般可达80%。无氮浸出物含量高，粗纤维含量低。青草干物质中含粗纤维不超过30%，无氮浸出物含量为40%~50%，维生素含量丰富。各种维生素，特别是胡萝卜素含量丰富，每千克青草中含有50~80毫克胡萝卜素。维生素B组及维生素C、维生素E、维生素K的含量也较高。矿物质含量充足，钙、磷比例适宜，尤其豆科牧草含量更高。铁、锰、锌、铜等必需元素含量也较高，粗纤维含量低，而且木质素少，无氮浸出物较高。植物开花前或抽穗前利用，则消化率高。

二、青贮饲料

青贮饲料是以新鲜的青刈饲料作物、牧草、野草、玉米秸、各种藤蔓等为原料（单做或混合均可），切碎后装入青贮窖或青贮塔内，隔绝空气，经微生物的发酵作用制成的饲料。

制作青贮饲料时，可以添加尿素、甲酸、食盐、糖蜜等，同时也可以把青贮饲料与精料或其他补充料混合成为"完全日粮"。

青贮饲料可保持新鲜玉米的营养,特别是能有效地保持青绿饲料中的蛋白质和胡萝卜素含量,粗蛋白质含量却提高 0.8%～1.1%。利用微生物的发酵作用将坚硬的玉米秸转化成适口性强的青贮饲料,同时产生乳酸、醋酸和醇类等具有酒酸香味的物质,易消化吸收,并减轻腹泻,从而使得青贮饲料营养价值更高,饲喂效果更好。青贮饲料占地面积少,而且易于长期保存,还可以预防家畜和农作物的病虫害,可谓一举多得。

三、粗饲料

饲料干物质中,粗纤维含量在 18% 以上的饲料称之为粗饲料。这类饲料包括秸秆、干草、秕壳等。

粗饲料资源广,成本低,营养价值低,蛋白质含量低,粗纤维含量高,随植物生育期推进,纤维逐渐木质化。粗饲料中含磷少,含钙多,维生素 D 含量丰富。粗饲料的容积大,适口性差,但可促进家畜肠胃运行。对牛来说,这种刺激使反刍家畜进行正常的反刍。粗饲料虽然营养价值低,但食入适量,可使机体产生饱感。

四、能量饲料

能量饲料是指每千克饲料干物质中含消化能在 31.40 兆焦以上,粗纤维低于 18%,蛋白质低于 20% 的饲料。

能量饲料包括谷实类、糠麸类、油脂类和块根、块茎类及其副产品。

(1) 谷实类饲料淀粉含量高,占 70%～80%,消化能达 12.56 兆焦/千克以上。粗纤维含量低,一般在 6% 以下。粗蛋白质含量中等,一般在 10% 左右。含氮物中 85%～90% 是真蛋白质。脂肪含量一般在 2%～5% 之间。一般钙的含量较低,在 0.1% 以下,而磷的含量较高,达 0.31%～0.45%。含有丰富的维生素 B、维生素 E,而缺乏维生素 D。

(2) 糠麸类饲料主要是谷物加工后的副产品,含能量是原粮的 60% 左右,除无氮浸出物外,其他成分都比原粮多。这类饲料含磷多、钙少,维生素 B、尼克酸含量较多,质地疏松,有轻泻性,有利于胃肠蠕动,能通便,但其可利用能量低,吸水性强,易腐败、变质。

(3) 块根、块茎类饲料在自然状态下水分含量高,在 70%～90%,干物质中粗纤维含量一般为 2.6%～12.0%,无氮浸出物含量在 80% 以上,蛋白质含量低。这类饲料含水量高,不易贮存,容易发霉或变质。

(4) 油脂类饲料能量浓度很高,容易被牛体所利用。牛饲料中添加油脂,主要是为了提高其能量水平和补充脂肪酸。

五、蛋白质与非蛋白质饲料

蛋白质饲料是指干物质中粗纤维含量低于 18%,粗蛋白质含量在 20% 以上的饲料,主要包括植物性蛋白质饲料、动物性蛋白质饲料和微生物蛋白质饲料。喂牛通常只用植物性蛋白质饲料,主要包括豆类、油料籽实及其副产品(如棉子饼、棉仁饼、豆饼、花生饼)。

棉仁饼含粗蛋白质 33%～40%,棉子饼含粗蛋白质为 23%～30%。棉子饼中含有棉子毒素,又称棉酚,毒性很强。成年牛瘤胃内可将棉酚形成一定数量的螯合物,有一定的解毒作用,用量占精料的 30% 时不中毒,犊牛及母牛喂量不能超过 15%。为了减少毒性,喂前可在 80℃～85℃ 下加热 6～8 小时,或发酵 5～7 天;还可用硫酸亚铁处理,添加硫酸亚铁量为每 100 千克饲料加 1 千克;或者用 0.05% 硫酸亚铁溶液浸泡一昼夜。菜子饼虽然含蛋白质也很丰富,但味辛辣,适口性差,不宜多用,另外其本身还含有一种芥酸物质,在消化道中受芥子水解酶作用,形成有毒物质,可引起肉牛中毒。为了消除菜子饼的毒性,可采用埋坑法或湿蒸法脱毒。

牛的瘤胃的功能特殊,可利用非蛋白质物质补充来源,以尿素或缩二脲最为普遍。按一般尿素含氮量为 42%～46% 计算,若尿素中氮全部能合成菌体蛋白质,则 1 单位的尿素就可合成

2.6~2.8单位的蛋白质。实际合成效率只有70%左右，即1千克尿素，在瘤胃内经细菌转化后，可提供相当于4.5千克豆饼的蛋白质。

六、矿物质饲料

矿物质饲料是以提供机体所需的矿物质元素为主的饲料，包括食盐、钙源饲料和磷源饲料。

七、其他类饲料

主要是添加剂饲料，是指配合饲料中加入的各种微量成分，包含有微量元素、纤维素、合成氨基酸、抗生素、酶制剂、激素、抗氧化剂、驱虫药物、调味剂、着色剂和防霉剂等，一般在饲料中添加0.05%~0.5%。

第二节 饲料的加工方法

育肥牛的饲料包括精饲料和粗饲料两种。育肥牛饲料的加工也可分为精饲料加工和粗饲料加工。

一、精饲料的加工

精饲料的加工方法主要包括机械加工、发芽与糖化、饲料颗粒化。

（一）磨碎与压扁

质地坚硬有皮壳的饲料，喂前需磨碎或压扁，否则育肥牛难以消化，多余的饲料还会随粪便排出，造成浪费。一般来说，磨碎到直径1~2毫米为宜。

（二）湿润及浸泡

对粉碎后粉尘较多的饲料，喂前需湿润，而对于硬实的子实或油饼可通过浸泡，使其软化或溶去有毒物质。湿润可有效预防粉尘呛入气管而造成呼吸道疾病。

（三）蒸煮与焙炒

蒸煮有利于提高精饲料的适口性，如马铃薯、大豆和豌豆等可以通过蒸煮提高适口性及消化利用率。焙炒可使饲料中的淀粉转化为糊精而产生香味,将其磨碎后撒在拌湿的青饲料上,能提高粗饲料的适口性,增进牛的食欲。

(四)发芽

发芽是增加禾谷类饲料维生素含量的有效方法。发芽方法是将要发芽的子实用15℃的温水或冷水浸泡12~14小时后摊放在木盘或细筛内,厚3~5厘米,上盖麻袋或草席,经常喷洒水,保持湿润。发芽室内的温度应控制在20℃~25℃之间,一般经5~8天即可发芽。发芽的大麦、青稞、燕麦、谷子的喂量,成年种公牛每头每天100~150克。妊娠母牛临产前不宜喂发芽饲料。

(五)糖化

利用禾谷类子实中的糖化酶将饲料中的一部分淀粉转化为麦芽糖,称为糖化。方法是给磨碎的子实饲料中加入2.5倍的热水,搅拌均匀,放在55℃~60℃的温度下,使酶发生作用,4小时后可使饲料中的含糖量增加8%~12%,如果加入2%的麦芽,糖化作用可以更快。

(六)制作颗粒

精饲料还可以加工制作成颗粒饲料,颗粒饲料具有许多优点,主要表现为:一是营养齐全,营养元素可充分利用,在牛饲料中除添加常规营养成分外,需同时添加许多微量成分,如果喂用粉料,则往往会出现采食微量成分不均匀,制成颗粒后,则可使牛按要求摄入;二是适口性好,咀嚼时间长,有助于牛对饲料的消化;三是饲喂方便,节约饲料,制成颗粒的饲料使用很方便,且有利于机械化操作,同时因颗粒饲料牛采食较完全,能有效地减少浪费;四是有利于牛饲养研究方面的科研成果更快地应用于生产。

颗粒饲料的制作方法有两种:一是将精饲料制成颗粒;二是将精、粗饲料混合在一起加工成颗粒。精饲料单独制成颗粒易于存放,加工费用低,使用方便。精、粗料混合制粒,有利于牛的采食、消化和利用,但加工费用相对较高。颗粒饲料一般制成圆柱形,喂牛的颗粒饲料直径为6~8毫米,长为10~15毫米,也可压制成圆饼形。

二、粗饲料的加工

秸秆作为一种粗饲料,具有粗纤维含量高、粗蛋白质含量低、矿物质含量不适宜等缺点,只有通过科学合理的加工调制,才能成为饲喂牛的较好饲料。秸秆的加工调制方法可分为物理法、化学法和微生物法。

(一)物理处理法

物理处理包括秸秆的切短、软化、压粒、粉碎和揉搓等,主要目的就是将秸秆转变为牛喜爱采食的形状。

1. 切短 秸秆切短、软化后,可以提高牛对秸秆的采食量,增加与瘤胃微生物的接触面,促进微生物对其利用。一般以3~4厘米为宜。

2. 软化 就是通过浸泡和蒸煮等方法,使秸秆变软。软化的同时可用少量精料进行拌和调味。这种方法可使秸秆的适口性得到改善,加快采食速度,增加牛的采食量,提高秸秆饲料的消化率。

3. 压粒 牛不喜欢采食秸秆类粗饲料,但喜欢采食颗粒饲料,故将秸秆粉碎后压制成颗粒饲料,可以有效提高其对秸秆类粗饲料的采食量。秸秆压粒成型直径以6~8毫米为宜。

4. 揉搓 秸秆揉搓机的工作原理是将物料送进喂入槽,在锤片及空气流的作用下,进入揉搓室受到锤片、定刀、斜齿板及抛送叶片的综合作用,把物料切断,揉搓成丝条状,经出料口送出。秸秆经揉搓后喂牛,牛的吃净率可提高到90%以上。

(二)化学处理法

通过用化学物质处理秸秆,可以打开纤维素、半纤维素与木质素之间的不稳定的酯链,溶解半纤维素和一部分木质素,使纤维素膨胀,暴露出其超微结构,从而便于微生物所产生的消化酶与之接触，有利于纤维素的消化，增加牛对饲料的采食量，提高秸秆的消化率。该法主要包括氢氧化钠处理、石灰处理和氨化法。

1. 氢氧化钠处理　将秸秆在8倍于其重量的1.5%氧化钠溶液中浸泡1昼夜，然后再用清水漂洗，去除余碱。或者每100千克秸秆用30升1.5%的氢氧化钠溶液喷洒，边喷边拌。处理后的秸秆可以堆存或窖存，也可以压制成颗粒饲料。喂前不需要清洗。

2. 石灰处理　将切短的秸秆浸泡入4.5%的石灰乳中3～5分钟后捞出，经24小时即可饲喂。捞出的秸秆不必用水清洗，石灰乳也可以继续使用1～2次，或者取相当于秸秆重量3%～6%的生石灰，加适量水以使秸秆浸透，然后在潮湿状态下保持3～4昼夜。

3. 氨化处理　秸秆氨化就是利用氨本身能与秸秆中有机物产生化学作用，生成铵盐和含氨的络合物，使秸秆的粗蛋白质从3%～4%提高到8%以上，提高秸秆的营养价值。

氨化秸秆具有醇香味，可增加采食量；氨化秸秆可以缓冲瘤胃内的酸度，防止瘤胃酸中毒和胃溃疡；饲喂氨化秸秆，可以节约粮食，降低饲养成本，提高养牛经济效益。秸秆氨化过程中消灭了秸秆中大量的害虫。在我国北方地区，制作氨化秸秆饲料还可以缓解冬季饲料缺乏的问题。

（三）生物处理法

生物处理法也叫秸秆微贮技术，它是利用微生物对贮藏中的饲料进行发酵，故简称微贮饲料。

1. 微贮的原理　在饲料微贮的过程中，向农作物秸秆中加入微生物高效活性菌种，放入密封的容器中贮藏。发酵菌在适宜的厌氧环境下，分解大量的粗纤维，转化为糖类，糖类又经有机酸发酵转化为乳酸、醋酸和丙酸，使饲料pH值降至4.5～5.0，加速了微贮饲料的生物化学作用，抑制了丁酸菌、腐败菌等有害菌的繁殖。

2. 微贮饲料的优点

(1) 成本低　微贮饲料与氨化饲料相比，成本仅为尿素氨化饲料的 20% 左右。

(2) 消化率和营养价值明显提高　微贮饲料含有丰富的有机酸，而且粗纤维少，适口性好，易于咀嚼。同时，微贮饲料还可利用牛瘤胃能利用有机酸这一功能，加上所含的酶与菌种的作用，激活牛瘤胃微生物区系，在提高秸秆消化利用率的同时，又提高了精料的消化利用率。

(3) 改进粗饲料适口性　秸秆中粗纤维含量高，而且粗纤维中木质素的含量尤其高，若长期饲喂未经处理的秸秆，会导致牛食欲不振、采食量减少，影响消化，造成能量和蛋白质缺乏，直接影响生长发育和繁殖。秸秆经微贮处理，使其由硬变软，加上高效活性菌种的作用，使秸秆变成牛喜食的酸香型饲料，刺激家畜的食欲，从而提高采食量。通常采食速度可提高 43%，采食量可增加 20%，而且长期饲喂无毒无害，安全可靠。

(4) 可制作季节　室外温度 10℃～40℃ 均可处理发酵，北方春、夏、秋三季均可制作，南方全年都可制作。

微贮饲料的含水量一般为 60%～65%，最少不能低于 55%。当含水量过多时，则会造成秸秆中糖和胶状物浓度变稀，满足不了产酸菌所要求的浓度，使产酸菌不能正常生长，以致饲料中有害菌迅速生长，造成饲料腐烂变质。当含水量过少时，秸秆不易被踩实。饲料中残留空气过多，保证不了厌氧发酵的条件，使产酸菌发酵不够，有害菌种大量繁殖，容易霉烂。

第三节　育肥牛常用饲料的加工调制

育肥牛的饲料种类繁多，本节主要对育肥牛生产中常用的青干草、氨化秸秆和青贮饲料进行简单的介绍。

一、青干草

目前调制干草的方法有自然干燥和人工干燥两种,我国以自然干燥为主,广泛采用的是地面干燥方法。对同一原料,因干燥方法、干燥时间不同,其营养损失也不同。据测定,采用地面干燥法,干物质、粗蛋白质的损失达20%左右。青干草由收割到制作成饲料,其成分变化十分复杂。这里简单地归结为两个阶段。

第1阶段,由植物刈割到水分降到38%～40%。这个阶段的主要特点是植物细胞尚未死亡,继续呼吸作用。植物内部养分还在分解,这种分解通常称之为饥饿代谢。待水分减至38%～40%时,细胞才死亡,分解作用才停止。在这个阶段养分损失量为5%～10%。为了减少养分损失,在调制干草时应将草铺薄、暴晒、勤翻,加速水分蒸发,缩短饥饿代谢时间。

第2阶段,由植物细胞死亡开始直至晒干(水分达14%～17%)。这一阶段植物体内养分受细胞内酶的作用而被分解,同时,受日光的破坏和机械作用造成损失,主要损失的是维生素和可消化营养物质,损失的量与植物种类有关。豆科牧草的损失往往大于禾本科牧草的损失量,因为豆科牧草叶柄细,茎叶不能同时干燥,而禾本科牧草通常茎中空,易干燥,叶片附着牢固,不易脱落。

(一)青干草饲料的干燥方法

青干草饲料的制作主要是对其进行干燥,去掉水分,以便贮存和利用。青干草的干燥方法包括田间晒制法、草架干燥法、发酵干燥法和人工干燥法等。

1. 田间晒制法　牧草刈割后先在原地或附近平铺暴晒,每隔数小时翻1次,估计水分散发降到50%左右时,即堆成1米高的小草堆让其逐渐风干。天气晴朗时,清早刈割摊晒,傍晚就可堆垛;天气恶劣时,小草堆外面最好盖上塑料布,以防雨水冲淋,待天气晴朗时,再倒堆翻晒,直到干燥为止。

2. 草架干燥法　先根据牧草情况搭若干草架。牧草刈割后在田间干燥半天或 1 天，待水分降到 45%～50%时，将其上架。堆放牧草时，应自下而上地逐层堆放，草的顶端朝下，最好打成草束往草架上搭放，最底层的牧草应高出地面 20～30 厘米，草层厚度不宜超过 70～80 厘米。上架后牧草应堆放成圆锥形或屋顶形，力求平顺，减少雨水浸渗。草架干燥法有利于牧草水分散失，提高干燥速度，减少营养物质的损失。

3. 发酵干燥法　将刈割的牧草在地面铺晒或在草架上风干，使新鲜牧草凋萎，当水分减少至 50%时，再堆成 3～6 米高的草堆。堆积时应踏实，力求紧密，使凋萎牧草在草堆上发酵 6～8 周，牧草逐渐干燥成棕色干草。这是由于风干的牧草（含水量 50%左右）经过堆积，牧草本身细胞的呼吸热和细菌、真菌活动所产生的发酵热在牧草堆中积蓄，有时草堆温度可达 70℃～80℃，同时借助通风将牧草中的水分蒸发，使之干燥。

为防止发酵过度，每层牧草可撒为青草重量 0.5%～1%的食盐。此法干燥牧草的营养损失较多，多在雨天等万不得已时采用。

4. 人工干燥法　在国外应用较广，主要有风力干燥法、高温快速干燥法及化学制剂干燥法等。

（1）风力干燥法　是利用高速风力，将青草中所含水分迅速风干。这种干燥方法在潮湿多雨季节较多采用。

（2）高温干燥法　利用高温气流，将切碎成 2～3 厘米长的青草在数分钟甚至数秒钟内使水分含量降至 10%～20%。此法进风口温度高达 900℃～1100℃，出风口温度 70℃～80℃。高温干燥设备由 3 个同心圆筒组成，碎草随高温热气流吹入转动的圆筒内，易干燥的叶片由于重量轻，很快地沿着外周圆筒而到达出口，较重的茎秆则通过内筒直到外筒，干燥后排出。该法生产的干草，可保存养分 90%～95%，优点为营养损失少，缺点是费用高、代价大。

（3）化学制剂干燥法　使用甲酸、硅胶等化学制剂进行干燥。研究证明，用0.2摩尔/升碳酸钾加2%～4%甲基酯，再加0.25%乳化剂的混合液喷洒紫花苜蓿，比单独用同样浓度的化学试剂使牧草干燥快。这种混合液的用量最好占应喷洒的新鲜紫花苜蓿用量的4%。喷施时应均匀，最好是晴天喷洒。

（二）青干草贮存

制作好的青干草为避免散乱损失要堆垛贮存。青干草含水量必须保持在18%以下，否则容易发霉、腐烂。

在牛舍附近，选择地势平坦、干燥、排水良好的地方堆垛。垛底用石块、圆木等垫起，离地面40～50厘米，周围设排水沟。草垛由下向上逐渐缩小，顶部逐渐收缩成圆顶。用干燥的杂草或麦秸覆盖顶部，并应逐层铺压，垛顶不能有凹陷和裂缝。草垛顶脊封压牢固，以防大风吹乱。

（三）品质评定

干草品质的好坏，取决于其营养价值及适口性，而干草的组成、颜色、气味及含叶量又直接影响到适口性及营养价值。因此，评定干草品质主要应从组成、含叶量、颜色和气味方面评定。

1. 组成　野干草中豆科牧草所占比例大的为优等，禾本科牧草和其他可食杂草比例大的为中等，不可食牧草较多者为劣等。

2. 含叶量　干草的叶片保持75%以上为优等，叶片损失在50%～75%为中等，叶片损失超过75%为劣等。

3. 颜色和气味　颜色鲜绿，香味浓郁，属优良干草。颜色淡绿色，有青草味，属良好干草。颜色黄褐色，无香味，茎秆粗硬，属次等干草。暗褐色是霉变干草，对牛健康有害，不宜饲喂。

二、氨化秸秆

（一）氨化秸秆的制作

氨化秸秆的制作方法很多，其原理都是利用氨与秸秆发生化学反应，改变秸秆的组成成分，提高秸秆利用价值。这里只介绍几种适合我国国情的方法。

1. 纯氨（无水氨或液氨）法　在地面或地窖底部铺塑料膜，膜的接缝均用熨斗焊接牢固。通常垛宽2米，高（厚）2米，垛的长短则依秸秆的数量而定。铺垫及覆盖的塑料膜四周要预留出0.7米，以便于封口。把切碎（或打捆）的秸秆喷入适量水分，使其含水量达到15%～20%，混入堆垛。在长轴的中心埋入一根带孔的硬塑管或胶管，覆盖塑料膜，在一端留孔露出管端。覆膜与垫膜对齐折叠封口，上面放上木棍或竹竿，然后转动木棍（竹竿），使其密封。用沙袋、泥土把木棍与折叠部分压紧。用耐压橡胶管连接纯氨运输器与垛中胶管，按冬天（8℃时）每100千克干秸秆加纯氨2千克，夏天（25℃时）加纯氨4千克的量通入纯氨。管子抽出后封口。夏天不少于30天、冬天不少于60天，秸秆即能氨化完全。操作人员必须戴防毒面具、防碱的橡胶或塑料手套。纯氨法成本低，效果好，但需用专门的纯氨贮运设备与计量设备（可向氮肥厂租用），适用于大规模制作氨化秸秆。若当地畜牧兽医部门或企业建有氨化秸秆服务站，向用户供应氨时，则最好采取纯氨法。

2. 尿素法或碳铵法　尿素或碳铵（碳酸氢铵）与秸秆贮存在一定温度和湿度下，能分解出氨。因此，使用尿素或碳铵处理秸秆，均能获得近似纯氨法的效果，只是成本稍高于纯氨。

制作时，先将尿素（或碳铵）按秸秆重量称出，再称出加水量，使尿素溶于水。将溶液喷到切碎的秸秆上，边喷洒边拌匀。将拌好的秸秆装入容器内压实密封，密封的要求与纯氨法相同，但氨化时间则宜长一点，特别是在气温较低时更应延长。

此法简单易行，在制作时十分安全，无须使用防护用具，适合一家一户应用，但所需成本较纯氨法及氨水法稍高一些。饲喂效果与纯氨法近似。在解决纯氨贮运设备之前，此法不失为很有价值的一种方法。

3. 氨水法　用浓度为10%的氨水，每100千克干秸秆的氨水用量为 41~82 升。若用 20％的氨水，则可减半。与前两种方法一样，用量随气温高低而增减。

制作时把相应的氨水与秸秆混合装入容器内密封即可，所需氨化时间与纯氨法相同。在实际操作时，为了减轻氨气挥发，可先把切碎的秸秆装入容器内压实，然后在上面浇洒相应数量的氨水，尽快地密封。

在秸秆含水量较大时，使用 20％浓度氨水的效果优于 10％浓度氨水。只是使用 20％氨水的成本会高于 10％氨水。

使用氨水进行氨化时，操作人员必须戴防毒面具和防碱的橡皮（或塑料）手套，穿长筒胶靴。

（二）氨化秸秆的质量评定

良好的氨化秸秆色泽应较原秸秆深，呈黄褐色，秸秆不含未分解的尿素或碳酸氢铵，无氨味和霉味，具有秸秆的香味，晒干后质地较原秸秆蓬松、酥脆，故可使采食速度明显提高，干物质采食量也有所改善，粗蛋白质含量应达到 8％~12％。

氨化秸秆开封后，一般要晾 24~48 小时，以使多余的氨挥发尽。若 1 周内不喂完，则应把全部秸秆摊开晾晒 1~2 天，待其水分含量低于 15％时垛好（最好贮于草房或草棚内）保存。

用氨化秸秆饲喂牛时，用量要由少到多，经 5~7 天过渡期增到最大量。如果日粮粗蛋白质含量低于 12％时（如谷物饲料为主组成的精料，其粗蛋白质含量就低于 12％），可用氨化秸秆代替全部粗饲料。若日粮粗蛋白质远高于 12％时，则可以少喂或不喂氨化秸秆。试验证明，氨化秸秆的安全性是可靠的，是尿素拌料喂牛所不能比拟的。

（三）制作氨化秸秆的注意事项

第一，制作氨化秸秆时容器的密封性必须可靠，否则氨泄漏，轻则影响氨化效果，严重时秸秆会发霉变质。容器密封后，仍应经常检查是否漏气，方法是经常在容器周围嗅一嗅，如果嗅到氨味，应找出漏洞及时修补。

第二，尿素或碳铵处理秸秆最好在气温较高的时期进行。如果气温偏低，要适当延长氨化时间。温度低于 8℃时应采取保温措施，即覆盖以秸秆、草帘等保温材料。

第三，开封后一时喂不完的，应及早晾干贮存，以免发霉。霉烂的秸秆不能饲喂，原秸秆发霉也不可用作氨化的原料。

第四，氨水处理的秸秆，最好晾开混匀后再喂，以免非蛋白氮含量不匀，影响饲喂效果。

第五，尽管氨化秸秆饲喂安全，一般不会发生氨中毒，但为了确保安全，在开始使用的前半个月，必须经常观察有无轻度氨中毒征兆。如发现采食量减少，前胃蠕动迟缓，反刍次数减少，精神沉郁等症状，应立即停喂。

第六，氨化秸秆中胡萝卜素缺乏，应注意补充。苜蓿干草含胡萝卜素较丰富，每 100 千克体重每天补充 350 克左右苜蓿干草即可。

三、青贮饲料

青贮是将新鲜植物紧实地堆积在不透气的窖或塔中，通过乳酸菌的厌氧发酵，使原料中所含的糖分变为有机酸，借此提高酸度。当有机酸在青贮原料中积累到一定浓度时，就能抑制微生物的活动，防止原料中的养分继续被微生物分解或消耗，从而能很好地将原料中的养分保存下来。

青贮饲料保存了青绿饲料中的大部分养分，适口性好，易消化，扩大了饲料来源，延长青饲料供应，利于消灭作物害虫及田间杂草。

（一）制作青贮饲料的基本设施

制作青贮的设施主要有青贮窖和青贮塔。前者适用于农村养牛户，后者一般适宜于规模化牛场。目前为了节省材料及劳力，也有采用平地青贮及塑料袋青贮的，现分别介绍如下：

1. 青贮窖　一般分为地下式或半地下式两种。前者适于在地下水位较低、土质较好的地区，后者适于地下水位较高、土质较差的地区。

青贮窖应选择地势较高、向阳、干燥、土质较坚实的地方，切忌在低洼处或树阴下挖窖，还要避开交通要道、粪场、垃圾堆等，同时要距离牛舍较近，便于管理。

青贮窖的形状、大小与地形、贮量、每天需草量、铡草设备的功率等有关。如每天用草量大，采用长方形的青贮壕，一般宽2～4米、深2.5～3米。若牛少，每天需草量不多，则可用小圆窖，一般直径2米、深3米，容草5000千克，可满足1头牛1年的需要。

2. 青贮塔　青贮塔是用钢筋、砖、水泥砌成的塔形建筑物，其构造坚固，经久耐用，青贮质量高，养分损失少，机械化程度高，进料取料有专用机械，一次投资高，适用于大规模牛场使用。一般青贮塔内径5～7米，塔高9～24米，在塔身一侧每隔2米高开1个60厘米×60厘米的窗口，装时关闭，取空时敞开。

3. 青贮袋　用编织袋制作的青贮饲料，称袋式青贮。将青贮原料切短，装入编织袋，外套塑料袋，排尽空气并压紧后，扎口即可。每袋装25～100千克。塑料袋不漏气可反复使用。

4. 平地堆贮　利用一块平坦的水泥地面，或其他光滑不透气的地方，将切短的青料堆在一起，压实，盖上塑料薄膜，使其不透气，用泥土等重物压紧即可。

5. 青贮添加剂　常用的青贮添加剂主要有尿素、糖蜜、有机酸及乳酸菌制剂等。一般按每吨鲜草添加2.5～5千克尿素，20～50千克糖蜜，乳酸菌培养物0.5升或乳酸菌剂450克。甲醛一般按每吨鲜草2～4升（80%甲酸）进行添加。一般按鲜草重的0.1%～0.66%添加5%甲酸溶液。

（二）青贮饲料的制作技术

1. 适时收割　青贮原料的适时收割，可以获得最大营养物质产量，水分和可溶性化合物含量适当，有利于乳酸菌的发酵，易于制成优质的青贮饲料。

2. 切铡　青贮原料切铡长短的适宜度与饲料品种有关，一般细茎牧草切碎长度以7~8厘米为宜,而玉米、高粱等茎秆粗的作物以1.5~3厘米为宜。

青贮原料切铡时会有汁液渗出,这种汁液含糖量高,使糖分布均匀,这是优质发酵的重要条件。另外,青贮原料的切铡使装填紧密,有利于空气的排出,抑制植物细胞呼吸作用,乳酸形成快,有利于青贮制作。

3. 调节水分含量　青贮原料的水分含量以65%~75%为宜。水分含量过高,不利于乳酸菌的繁殖,还会造成养分流失;水分过少,青贮时难以踩实压紧,造成好氧性微生物大量繁殖,易引起发霉。

将切碎的青贮原料用手握住,若手指湿润但无水滴出现,其水分含量适宜。当原料中水分少于要求的含量时,在青贮时可喷入适量的清水,喷入清水时一定要均匀;水分过多时,加入干草或草糠吸收水分,也可将原料在日光下晒制使其水分降低。

4. 装填　青贮原料逐层平摊装填,每层15~20厘米,装入后压实,排出空气。青贮原料压得越紧实,窖内空气排除越彻底,其质量越好。装填时饲料的上部要高出窖上缘60厘米,以保证青贮饲料发酵完成后,青贮层还能稍高于窖内上缘,窖顶呈圆馒头形或屋脊形,以利于排水。

5. 密封　青贮装满后,在原料上面覆盖塑料薄膜,用沙袋及砖头将塑料薄膜周围压紧,最后覆盖20~30厘米厚的土,要特别注意窖口四周的密封。如果密封不严,进入空气或雨水,腐败菌、真菌即可大量繁殖,导致青贮失败。青贮饲料封窖后,要加强管理,及时修复顶部裂缝,以防空气进入而影响青贮效果。

6. 取用　青贮原料装窖密封后,经45天左右,便可开窖饲喂。青贮饲料开封前,应先清除封窖时的盖土、铺草等,以防混入青贮饲料中影响质量。取用青贮饲料时,要从青贮窖一端打开,分段自上而下垂直取料,随取随喂。注意取用后及时将暴露面盖好,以防日晒、雨淋和出现二次发酵。

(三)青贮饲料品质评定

(1) pH 值是衡量青贮饲料品质优劣的重要指标之一。一般 pH 值要求在 4.2 以下,如果高于 4.2(半干青贮除外),说明青贮发酵过程中,腐败菌、丁酸菌等活动较为强烈,青贮料的质量变差。

表 9-1 pH 值与青贮饲料质量的关系

pH 值	3.5~4.1	4.2~4.5	4.6~5.0	5.1~5.6	>5.6
青贮质量	很好	好	可用	差	极差

(2) 氨态氮占总氮的比例反映了青贮过程蛋白质和氨基酸的分解程度,比值越大,说明氨基酸和蛋白质分解越多,青贮饲料品质就越差。这在国内已制定出标准。

表 9-2 氨态氮和总氮的比例与青贮饲料质量的关系

比值(%)	青贮饲料质量
0~5	很好
5~10	好
10~15	可用
15~20	差
20~30	坏
>30	极坏

(3) 感官评定　第一,优等青贮饲料为绿色或黄绿色,具有酸香味,且略带醇香,质地柔软,稍湿润,茎、叶、子粒清晰,基本保持原来的形状,容易分离。第二,中等青贮饲料为黄褐色或墨绿色,香味淡薄,有刺鼻酸味,茎、叶部分保持原状,柔软,水分稍多。第三,劣等青贮饲料为褐色或黑色,有霉味、腐败味和臭味,质地干松或黏结成块,茎、叶等结构破坏。

四、饼粕类饲料的调制与利用

(一)菜子饼的制作

菜子中含有的芥子油苷,由于微生物能产生分解该物质的酶,从而产生异硫氰酸盐和唑烷硫酮,二者都能抑制甲状腺对碘的吸收,从而导致甲状腺肿。因此要对菜子进行加工,去除有害成分。体重不到 100 千克的犊牛，菜子饼用量不应超过 10%。菜子饼饲喂成年牛一般没有不良影响。

菜子饼脱毒的加工方法有土埋法，氨、碱处理法，发酵法等。在此简单介绍土埋法：首先挖 1.3 米的土坑，铺上草席，然后把菜子饼加入水中（饼水比为 1:1）浸泡后装入坑内，两个月后即可饲用。

（二）棉子饼

棉子饼含有棉酚，可以抑制消化酶的活性。一般情况下，棉子饼中的游离棉酚含量不会太大，不会对成年牛产生毒性反应，但日粮中游离棉酚含量高时，则有可能降低牛的日增重。犊牛对棉酚相当敏感。饲喂肉牛，棉子饼应与优质粗饲料或富含胡萝卜素的饲料混合，才能大量喂给。不到 5 个月的犊牛，棉子饼用量不应高于 10%～15%。

棉子饼中所含的棉酚可使用硫酸亚铁脱毒法除去，方法为用硫酸亚铁水溶液浸泡。也可用水煮处理，方法是将粉碎的棉子饼加入适量水中煮沸，不断搅动，水煮半小时后即可。

第十章 肉牛屠宰与胴体分割

肉牛业的最终效益都是通过育肥牛的屠宰加工而实现的。肉牛的屠宰以及牛肉产品的深加工直接影响育肥牛养殖户的经济效益。现代肉牛屠宰加工业收购肉牛，与以前大不相同。以前收购肉牛只考虑牛肉的重量，即产肉越多，养殖户获得的利润越大。现代由于人们消费观念的改变，人们对高档部位牛肉的需求量不断增加，高档部位的牛肉比普通部位的牛肉贵3～5倍，实现了高档部位牛肉的优质优价。这就要求肉牛养殖户与屠宰者掌握肉牛屠宰的一般规程，了解牛胴体的部位与分割方法，实现肉牛产业的最佳效益。

第一节 肉牛屠宰一般工艺流程

牛的全身都是宝。牛肉具有丰富的营养价值，牛的内脏可以食用，也可用来制作肠衣等。许多药厂收购牛血并从中提取药物成分。牛皮可以制作高品位的皮鞋、皮衣、皮包等生活用品。

肉牛屠宰者采用科学的屠宰工艺，合理地将肉牛的各个部位进行分割，使其达到行业标准，创造最佳效益。笔者参考多方资料，结合多年的生产实践经验，总结出一套肉牛屠宰工艺，供广大读者参考。

一、屠宰前的准备工作

肉牛在屠宰之前一定要做好卫生检疫工作，保证所有待宰牛均健康无病，防止有问题的牛肉进入市场，损害消费者的合法权益。

肉牛在屠宰前24小时停止喂料,但要保证饮水充足,直到屠宰前8小时才停止饮水。屠宰前2小时清洁牛体,一般采用刷拭方法,有条件的屠宰场可以采用喷淋的方法。对待屠宰的牛称重并做记录,编写屠宰牛号。

二、肉牛的屠宰

屠宰时要尽量减少牛的应激反应。肉牛屠宰后及时冲洗,使后面待屠宰的牛见不到血,闻不到血腥味。

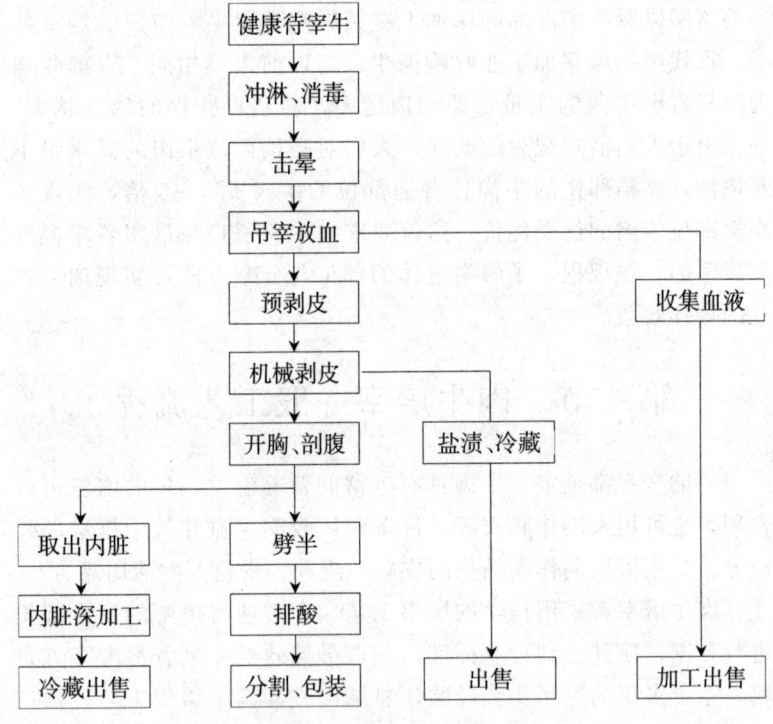

图10-1 育肥牛屠宰流程图

(一)击昏

采用电击或点穴(刺断延脑术),使牛昏迷。

(二)吊宰放血

用牵牛机或电葫芦吊起已被击昏的牛,并挂置屠宰轨道,在颈下缘喉头部切开放血。10~12分钟后施行低压电刺激，充分放血。另外，有报道显示，采用平宰（牛躺在平台上宰杀）工艺的放血效果也很好。

（三）收集血液

牛的血液被收集后最常见的用处是制作血肠出售。另外，还有一些制药厂从中提取药物成分，制成药品销售，可以实现牛血的增值。

（四）预剥皮

由胫骨和跗骨间的关节处割断后蹄。由前臂骨和腕骨间的腕关节处割断，去除前蹄。沿头骨后端和第1颈椎间割断颈骨连接，去掉头部。

（五）机械剥皮

由后向前（由上向下）把牛皮剥下（用剥皮刀剥皮效果更好）。

（六）牛皮加工

剥下的皮进入牛皮处理间，处理完毕后暂存（冷藏或盐渍）。

（七）取内脏

沿腹部正中线切开，去除生殖器及周边脂肪，取出肠、胃、肝脏、脾脏，然后取出心脏、肺脏，卫生检疫合格后，进入深加工车间。

（八）内脏深加工

牛的内脏除了可以食用以外，还可以制成肠衣等物质实现产业增值。

（九）劈半

沿脊椎骨中央把胴体分为左右各半（二分体）。最好用电锯，无电锯时用斧劈或用木工锯锯开。用刷子刷去胴体劈半时留下的残渣、积血等。

（十）排酸

（1）胴体排酸处理可以提高牛肉的嫩度，使牛肉的风味更好。胴体经过排酸处理后会出现一定的失重情况，同时牛肉的嫩度提高，酸度下降。

表 10-1　胴体排酸处理后的失重情况表

测定头数	胴体体重（千克）		胴体失重（千克）	
	排酸前	排酸后	绝对重	百分比（%）
30	359.14±33.47	351.28±32.76	7.86±0.92	2.19±0.17
30	340.32±32.99	332.80±33.13	7.52±1.74	2.21±0.52
10	362.98±37.61	353.48±36.99	9.50±0.87	2.62±0.21
11	322.25±28.85	314.85±27.30	7.40±1.04	2.30±0.29
10	328.00±28.27	316.72±27.09	11.28±1.53	3.43±0.30
15	356.09±46.03	346.99±45.13	9.10±1.18	2.56±0.23
15	336.54±49.51	328.67±48.39	7.87±1.82	2.34±0.37
不同处理方法胴体失重				
半胴体排酸	177.42±15.80	173.34±14.95	4.05	2.28
整胴体排酸	346.63±38.90	339.93±36.45	6.70	1.93

表 10-2　分割肉排酸前后牛肉嫩度的变化

组别	测定次数	平均剪切值（千克力）
非排酸组	380	5.1632±1.7405
排酸组	380	3.8999±1.6975

牛肉排酸前 pH 值 4.9~5.2，排酸后 pH 值 5.8~5.9。

（2）胴体排酸的方法

①电刺激　通过电的作用，刺激牛胴体，达到提高牛肉嫩度的目的，又分为高压（360 伏左右）电刺激和低压（36~72 伏）电刺激。

②温度处理　设计排酸间（排酸间的大小、多少取决于屠宰规模），排酸间的高度 4.1~4.2 米（适合屠宰体重 450~650 千克的

肉牛），排酸轨道的高度为 3.4～3.6 米（适合屠宰体重 450～650 千克的肉牛）。或以胴体下端离地面的高度 0.5 米为准设计排酸轨道。按温度高低又分为高温处理（≥20℃）和低温处理（0℃～4℃）。

(3) 减少胴体排酸处理后胴体失重的措施

①减缓空气流动强度，增加排酸间空气的湿度。空气流动越快，空气中水分的损失越多，胴体表面水分的损失也越多，导致胴体失重的增加。因此排酸间冷风机排出冷空气的出口处安装风袋，冷空气通过风袋再散射到胴体表面，使冷空气由直吹改为折吹，必须使排酸间空气的湿度保持在 95% 以上。

②排酸间的温度严格控制在 0℃～4℃，排酸间中心的温度保持 2℃～3℃。

③为防止细菌的繁殖，可选用臭氧发生器，将发生的臭氧溶解在水中，或用臭氧液（重氧液）喷雾器喷洒。

（十一）分割包装

肉块必须按照部位进行分割，分割后的牛肉按不同的部位进行相应的包装，按照不同的价格出售。

三、屠宰注意事项

肉牛屠宰过程中最重要的就是食品的安全卫生问题，因此要求屠宰工人每天上班前洗澡，更换工作服，佩带工作帽和手套。

屠宰车间必须随时清洗。屠宰间的地面，墙壁每天还要用 40℃ 左右的热水彻底冲刷 1 次，以便清洗掉附着在墙壁和地面的血液和脂肪。屠宰用的器具也要进行卫生安全处理，建议每名屠宰工人配备两套刀具，第 1 次作业用甲刀具，用毕放进消毒器消毒，第 2 次作业用乙刀具，用毕放进消毒器消毒，如此循环使用。每天屠宰全部完成后还要对使用的屠宰器具进行彻底的消毒处理。

第二节 肉牛屠宰设备及费用

一、常用的屠宰设备

随着肉牛屠宰加工行业的兴起,肉牛屠宰过程中的分工越来越细致,屠宰设备的种类也越来越多。这里仅以某大型屠宰加工场为例介绍一些肉牛屠宰加工的典型设备,仅供参考。

表 10-3　肉牛屠宰加工主要设备一览表

序号	设备名称	规格型号
1	牵牛机	QNJ-10
2	步进式输送机	NBJ-1600
3	同步卫检线	NTW-10
4	液压剥皮机	NBP-5300
5	气动升降台	XDT-1500
6	开胸电锯	DJKX-400
7	往复劈半锯	DJBP-600
8	断轨器	DG-60
9	吊架	H=225
10	刀具消毒器	XDX-1
11	肠胃滑槽	CWHC-1
12	分割肉操作台	FG-2000
13	屠宰工作台	TZ-1
14	栓牛腿链	STN-800
15	电子挂称	SB-1

肉牛屠宰设备的购置要根据实际情况选择适合自己的品牌和价位。一般来讲,外国的机器设备质量要好一些,但是国内的机器价格要相对的便宜。

二、肉牛屠宰费用

(一) 按开工天数 300 天/年,屠宰牛 12 000 头/年计算

1. 屠宰车间租赁费　12 万元/年。每头牛分摊的费用 10 元。

2. 人员工资　按照屠宰工 60 人,500 元/月·人。计算每头牛的费用 25 元。

3. 电费　屠宰场每天大约消耗电量 142 千瓦时,按照 0.79

元/千瓦时计算。每头牛的费用2.80元。

4. 水费　按照1.5吨/头，1.00元/吨。每头牛的费用1.50元。

5. 胴体排酸费　50元/吨，1头520千克的育肥牛，屠宰率约为54%，实际产肉280.8千克，每头牛分摊费用14.04元。

6. 分割线空调费　50元/小时，每月15天，每天8小时。每头牛分摊费用5元。

7. 成品肉冷冻费　冷冻一吨肉的费用大约为240元，每头牛分摊费用57.28元。

8. 贮存费用　2元/吨·天，贮存期30天。每头牛的费用14.4元。屠宰费用合计130.32元/头。

（二）其他费用

汽车运费3元/头；过桥费3元/头；兽医检疫费10元/头；人员费用2元/头；销售费用20元/头。其他费用合计38元/头。

一头牛从运输到屠宰场，到完成所有的分割、加工，最后销售到市场，每头牛的费用约为168.32元。具体费用根据不同地区的市场差价将有所波动。

第三节　胴体分割

根据牛肉销售市场、牛肉用途分类，目前国内牛肉销售市场大约可以分为烧烤类、西餐类、涮肉类、超市类和加工类等。牛肉的用途不同，牛肉的分割规格（标准）也不一样。

一、烧烤牛肉分割

用于烧烤的牛肉肉块主要有S外脊肉、上脑肉、眼肉、牛小排肉、带骨腹肉、去骨腹肉、带脂三角肉、胸叉肉等。

（1）S外脊肉位于第12、第13胸肋至最后腰椎，侧唇宽1.5~3厘米，重量大于5千克。大理石花纹丰富（1级、2级）。脂肪厚15~20毫米，呈白色。

（2）外脊肉位于第12、第13胸肋至最后腰椎，侧唇宽1.5~

3厘米,重量大于4千克。大理石花纹丰富(2级)。脂肪厚10~15毫米,呈白色或微黄色。

(3) F外脊肉位于第12、第13胸肋至最后腰椎,重量大于3千克,大理石花纹丰富(2级),无脂肪沉积。

(4) 上脑肉位于第1至第6胸椎,重量大于3千克。大理石花纹丰富。脂肪厚10毫米,呈白色或微黄色。

(5) 眼肉位于第7至第13胸椎背侧,侧唇宽1~3厘米,第1胸椎处1~1.5厘米,重量大于7千克。大理石花纹丰富(1级)。脂肪厚10~15毫米,呈白色或微黄色。

(6) 牛小排肉位于第7至第9胸肋处,肉块长度23~30厘米,厚2.5~3.5厘米。

(7) 带骨腹肉位于第1至第6胸肋处,长23~30厘米,厚2.5~3.5厘米。

(8) 去骨腹肉位于第1至第6胸肋处,肉块长23~30厘米,厚2.5~3.5厘米。

(9) S腹肉位于第2至第9胸肋,取出带骨腹肉、牛小排之后,下面露出的1块扇形的肉块便是S腹肉。肉块厚1.5~2厘米,大理石花纹非常丰富,红肉块和脂肪块间隔有序,大小适度。

(10) 带脂三角肉位于大米龙下端厚约2厘米,脂肪覆盖三角肉,呈白色或微黄色。

(11) 胸叉肉位于胸肉部位,胸叉肉厚3~4厘米,长30~40厘米,胸叉肉宽5~6厘米。

二、西餐牛肉分割

(一) 里脊(牛柳)肉

(1) 沿耻骨的前下方把里脊头剔出,由里脊头向里脊尾逐个剥离腰椎横突,取下完整的里脊。由于里脊是牛肉中卖价最高的肉块,因此,要尽量减少里脊在剥离时的损失,以里脊腹面带骨膜为分割作业合格标准。

(2) 里脊肉根据用肉客户的要求不同分级也有所不同。第一，里脊头带脂肪带里脊附肌（侧边），特级 2.8 千克/条，一级 2.4 千克/条，二级 2 千克/条。第二，里脊头带脂肪不带里脊附肌（侧边），特级 2.4 千克/条，一级 2 千克/条，二级 1.8 千克/条。第三，里脊头不带脂肪不带里脊附肌（侧边），特级 2.2 千克/条，一级 2 千克/条，二级 1.8 千克/条。

（二）S 外脊肉

位于第 12、第 13 胸肋至最后腰椎。第 12、第 13 胸肋处宽 2~3 厘米，最后腰椎处宽 1~1.5 厘米。重量大于 5 千克。大理石花纹丰富（一级、二级）。脂肪厚 10~20 毫米，呈白色。

（三）外脊肉

位于第 12、第 13 胸肋至最后腰椎。第 12、第 13 胸肋处宽 2~3 厘米，最后腰椎处宽 1~1.5 厘米。重量大于 4 千克。大理石花纹丰富（二级）。脂肪呈白色或微黄色，厚度大于 10 毫米。

（四）眼肉

位于第 7 胸椎至第 12 胸椎背侧。第 12、第 13 胸肋处宽 2~3 厘米，第 7 胸椎处宽 1~1.5 厘米。重量大于 8 千克，大理石花纹丰富（1 级），脂肪呈白色或微黄色，厚 10~15 毫米。

（五）T 骨肉扒

T 骨肉扒的分割（在不分割里脊、外脊的前提下），步骤：

(1) 在最后腰椎处，沿耻骨缘切下。

(2) 在腰椎的最后 4 节，用分割锯锯下。

(3) 距腰椎横突 3~4 厘米处用分割锯锯下。

(4) 用特制线锯，切割腰椎，并将横突中央垂直切下。

(5) 在腰椎骨横突的上方是外脊肉，横突的下方是里脊肉，食用后的剩余骨头呈 T 形，故称 T 骨肉扒。

三、涮肉类

（一）1 号肥牛片

1 号肥牛片来源去骨腹肉，即第 10 至第 13 胸肋处的牛腩（腹肉），长 35~37 厘米，宽 15 厘米，厚 7~8 厘米。

制作时保持肥牛板板面平整，不能有污染点。肥牛板分双面纹板和单面纹板，其切割线平直，肥肉线、瘦肉线码放整齐划一，压紧压实（真空处理后用光滑的圆木棒轻轻拍打四面，达到表面平整的目的）。

（二）2号肥牛片

2号肥牛片来源臀肉、腰肉、臀肉、脂肪和肩部牛肉，长35~37厘米，宽15厘米，厚7~8厘米。

制作时保持肥牛板板面平整，平整面为红肉，另一面为红白肉相间，不能有污染点，肥牛板切割线平直。肥肉线、瘦肉线码放整齐划一，肥牛板板面压紧压实。

（三）3号肥牛片

3号肥牛片来源红肉（瘦肉、精肉）、臀部的臀肉（尾龙扒）、大米龙（烩扒）、小米龙（烩扒）、腰肉（引扒）和霖肉。红肉占70%，脂肪占30%。

目前市场销售的3号肥牛肉板的重量为3.62千克（其中脂肪重量为0.8千克，红肉重量为2.82千克）。

（四）4号肥牛片

4号肥牛片来源前躯部位红肉，其中红肉占75%~80%，脂肪占20%~25%，长35~37厘米，宽15厘米，厚7~8厘米。

四、冷鲜肉

目前用于制作冷鲜肉的肉块有外脊肉、里脊肉、臀肉（尾龙扒）、大小米龙（烩扒）、腰肉（针扒）和霖肉。

（1）外脊肉　制作冷鲜肉的外脊分割方法与西餐肉相同。

（2）里脊肉　制作冷鲜肉的里脊分割方法与西餐肉相同。

（3）臀肉　（尾龙扒）剥离大米龙、小米龙后，便可见到一大块肉，随着肉块自然走向剥离，便可得到臀肉。臀肉的修整有两点：一是削去劈半时锯面部分在排酸后的深颜色肉；二是修去臀肉块上的脂肪和碎肉块。

(4) 烩扒（大、小米龙）

①大米龙　后臀部肉块，剥掉牛皮后在后臀部暴露最清楚的便是大米龙。顺肉块自然走向剥离，成四方形块状。修整表面（分保留脂肪和不保留脂肪两种）即可包装。

②小米龙　紧靠大米龙的1块圆柱形的肉便是小米龙，顺肉块自然走向剥离便得。修整表面即可包装。

有些屠宰企业依据用肉单位要求，把大米龙和小米龙合并为1块肉，称为烩扒肉，还有称其为黄瓜条肉的。

(5) 腰肉　在后臀部取出大米龙、小米龙、臀肉和膝圆后，剩下的一块肉便是腰肉。修整腰肉的要点是削去其表面的脂肪层。腰肉形状如三角形。

(6) 膝圆　又称和尚头、霖肉。当剥离大米龙、小米龙、臀肉后便可见到一块长圆形肉块，沿此肉块的自然走向剥离，很易得到膝圆肉块，适当修整即可。

五、其他肉块分割

(一) 嫩肩肉

嫩肩肉实际上是背长肌的最前端，是取眼肉后的剩余部分。因此，剥离十分容易，只需循眼肉横切面的肩部继续向前分割，得到1块圆锥形的肉，便是嫩肩肉。制作上脑肉就不能制作嫩肩肉，制作嫩肩肉就不能制作上脑肉。

(二) 胸肉

胸肉在剑状软骨处，割下前牛腩肉时，胸肉也被割下。随胸肉肉块的自然走向剥离，修去脂肪便是胸肉。

(三) 臂肉

取下前腿，围绕肩胛骨分割，可得长方形肉块，便是臂肉。

(四) 卡鲁比肉

卡鲁比肉是臂肉的一部分，以肩胛骨的骨突为分界线一分为二，较大的肉块便是卡鲁比肉。

（五）辣椒肉

辣椒肉是臂肉的另一部分。

（六）脖领肉

沿最后一个颈椎骨切下，为颈部肉，带血脖，将肉剥离。分割剥离脖领肉是整头牛最难之处。

（七）腱子肉

腱子肉共四块，分前腱子肉和后腱子肉。前腱子肉的分割从尺骨端下刀，剥离骨头便可得到；后腱子肉的分割从胫骨上端下刀，剥离骨头取得。修整腱子肉主要是割削去掉末端一些污点。

（八）后牛腩肉

后躯取下臀肉、大米龙、小米龙、膝圆、腰肉、里脊、外脊肉之后，剩余部分便是后牛腩肉。

（九）前牛腩肉

前躯肉，在胸腹部。用分割锯沿眼肉分割线把胸骨锯断，由后向前直至第2、第3胸肋处，剥去肋骨、剑状软骨后，便是前牛腩肉。

（十）蝴蝶肉

在后牛腩肉部位，有状如蝴蝶的一块肉，取下修整便是。

（十一）牛肩峰

在牛肩胛部位。

第十一章 提高肉牛出栏率的措施

肉牛出栏率直接反映生产水平、经济效益和商品率。一些发达国家,肉牛出栏率都在35%以上。要保持高的出栏率必须做到以下几个生产环节:

一、妊娠母牛的补饲

繁殖母牛本身不直接生产牛肉,只是在淘汰时才屠宰,但做好妊娠母牛的补饲,母牛的繁殖率就会提高。现存问题是妊娠母牛在冬季也同其他牛一样放牧,不补饲精饲料,也很难吃到青贮和优质干草,营养水平在维持水平以下,特别是在怀孕后期更显得营养不足,严重影响胎儿的发育。产犊时正值春季枯草期,奶水不足、质量也差。由于营养缺乏,也影响了产后发情,常出现"二年一犊"的现象,据调查吉林省母牛繁殖成活率仅在40%左右。因此,怀孕母牛饲养的好坏直接影响出栏率,在整个饲养安排上不应忽视。母牛空怀一年就等于浪费一头育肥牛的饲料。怀孕母牛在最后2~3个月要进行补饲,喂给青贮饲料或优质干草,每天可给精饲料2千克左右。

二、哺乳犊牛的断奶

哺乳犊牛及时断奶,对母牛是一个保护,因为地方品种母牛产奶量有限,如果是杂交一代犊牛,生长快,体重大,更显得奶水不足。如果拖延断奶时间,既对犊牛提供不了充足的奶量,也会影响母体的健康。由于延迟了断奶时间,影响了犊牛对粗饲料的采食量,使其瘤胃得不到充分发育,这样对以后粗饲料的利用、育肥效果都不利。在我国目前情况下一般采取6月龄时断奶,如用人工代乳料代替母牛乳,可以使犊牛在3~4月龄时断奶。这就为提前育肥，加快出栏创造了条件。

三、犊牛断奶后的补饲

春产犊断奶时间正值初冬，如5月份产犊，6个月后断奶，则正是11月份，北方草场已进入枯草期，如果这时犊牛随群放牧，不补饲，体重会下降。断奶后如确定作为育肥用，则应当按育肥牛的日粮配方进行育肥饲养，开始时要"质优量少"，随着体重的增加，要"质优量足"。

四、冬季塑料暖棚舍饲

东北地区冬季寒冷，严重影响育肥牛的日增重和饲料利用率。在冬季白雪覆盖大地时放牧，牛群几乎吃不到什么，放牧牛消耗体能特别严重，所以冬季以放牧为主的饲养方式必须改变，在塑料暖棚内进行全舍饲，这样才能达到快速育肥出栏的目的。

五、肉牛增重剂的应用

牛的生长曲线是年龄小的牛增长速度快，以后则随着年龄的增长，生长速度逐渐下降。当生长停止以后，增重几乎只是脂肪的沉积。在育肥牛生产中，通常利用增重剂来促进肉牛的增重速度，效果较好，但目前严禁使用激素类增重剂。

六、搞好流通环节

这是关系到育肥牛能否提高出栏率的关键。要搞肉牛育肥，必须将周围市场先调查好，把销路确定后，再组织生产。近几年建立了许多肉牛屠宰加工厂，并且与育肥牛养殖户签订销售合同，这些举措大大调动了农民养牛的积极性。

第十二章 肉牛常见疾病与防治

第一节 炭 疽 病

该病是由炭疽杆菌引起的人畜共患的急性传染病。传染途径主要是通过消化道感染,其次是呼吸道或皮肤伤口传染。此病一年四季均可发生,但以夏季为最常见。

一、症状

该病潜伏期1~5天。最急性的能突然倒地,呼吸困难,黏膜呈紫色,肌肉发抖,口鼻流出混血的泡沫,约1小时内死亡。死亡时天然孔出血,血呈黑红色而不凝固。瘤胃胀气,尸体僵硬不完全。病程缓慢的体温升高至40℃~42℃,食欲减退,不吃草料,反刍停止,初期便秘,后转下痢,粪便中常带有黏液和血液。全身战栗,脉搏快而细,颈、胸腹部等处常发生浮肿,咽喉伴有炎症,呼吸困难,病牛常在数天内死亡。

二、预防

每年做定期注射无毒炭疽芽孢苗或Ⅱ号炭疽芽孢菌,免疫期为1年。Ⅱ号炭疽芽孢苗,不论牛的大小一律皮下注射1毫升,1岁以下的牛可皮下注射0.5毫升。平时遇有可疑炭疽病死的尸体,严禁解剖尸体和剥皮吃肉,应将尸体焚烧或深埋。一旦发现炭疽疫情,应立即将健康牛与病牛严格隔离,划定疫区,不许人畜来往,实行封锁。牛舍和一切用具用20%的漂白粉液或5%~10%的热碱水消毒,病牛粪便和垫草应烧毁。在最后一头病牛死亡或痊愈后的14天,才可以解除封锁。

三、治疗

本病死亡率高，如抢救及时，治疗得法，也小有治愈的希望。

（一）血清疗法

在发病的早期应用抗炭疽血清治疗，可获得较好的效果。剂量100～300毫升，皮下或静脉注射，如注射后体温不下降，可于12～24小时重复再注射1次。

（二）抗生素疗法

每千克体重肌内注射青霉素水剂4000～8000单位，每天2～3次。若将青霉素和抗炭疽血清共同使用，则疗效更好。

（三）磺胺药物疗法

用20%的磺胺嘧啶钠或磺胺噻唑钠溶液80～100毫升静脉注射，每天2次。在体温下降后，还应继续用药1～2天。

如果采取血清疗法、抗生素疗法和磺胺类药物同时并用，效果更佳。在采用上述的各种疗法的同时，还应根据病情对病牛进行强心、解毒、利尿、保胎及胃肠消毒的对症治疗，并要切实加强护理。

第二节 布氏杆菌病

该病是由布氏杆菌引起的一种人畜共患的疾病。布氏杆菌主要存在于流产的胎儿、胎衣、羊水、流产母畜阴道分泌物及病公畜的精液内。健康牛由于采食被污染的饲料和饮水，经消化道传染，其次是病牛与健康牛互相接触，或通过被污染的器具，经皮肤、黏膜及呼吸道传染，也可以经交配而相互传染。本病常呈地方性流行，新疫区往往使大批妊娠母牛陆续流产，老疫区的妊娠母牛流产逐渐减少，但子宫内膜炎、胎衣不下、屡配不妊，公牛睾丸炎等病逐渐增多。

一、症状

潜伏期为33～230天，平均为126天。常呈隐性传染，部分病牛出现关节炎、黏液囊炎，公牛发生睾丸炎，妊娠母牛发生流产。流产一般发生于妊娠后期，病牛流产前精神沉郁，食欲减退，起卧不安，阴唇肿胀，阴道黏膜潮红，阴门流出灰褐色或黄红色的黏液，乳房肿胀，继而发生流产。流产多为死胎和弱胎，流产后多数母牛发生胎衣不下，并伴有子宫内膜炎，有的病牛即使痊愈后也是屡配不孕。

二、预防

定期检疫。疫区的牛，每年都须用凝集反应或变态反应进行两次定期检疫，对检出的病牛严格隔离饲养。呈阴性反应的牛，应定期进行预防注射。从外地购入的牛须隔离观察 1 个月，并进行两次检疫。种公牛每年配种前也应进行检疫。

（一）定期预防注射

在布氏杆菌病常在地区，每年都要进行预防注射，常用的菌苗有布氏杆菌 19 号活菌苗、冻干布氏杆菌羊型 5 号菌苗。注射过的牛可不再进行检疫。

（二）严密消毒

每次检疫后，必须将被病牛污染过的畜舍、运动场、饲具等，用 10% 的石灰水、5% 的热苛性碱水或 5% 的煤酚皂溶液消毒。病死的牛和流产的胎儿及胎衣等，均需深埋处理。病畜的粪便必须送到指定的地点发酵处理。屠宰病畜时，病变部分及内脏应弃掉深埋，病牛肉须煮熟后就地利用，皮也须用 3%～5% 的煤酚皂溶液浸泡 24 小时后再加以利用。

三、治疗

对流产后继发子宫内膜炎的病牛或胎衣不下经剥离的病牛，可用 1% 的高锰酸钾溶液或 0.02% 呋喃西林溶液洗涤阴道和子宫。开始每天洗涤 1～2 次，经过 2～3 天后，可隔日一次，直至阴道分泌物干净时为止。严重的病例可用抗生素及磺胺类药物治疗，也可以用益母散治疗患病母牛。

第三节 牛巴氏杆菌病

牛巴氏杆菌病是牛的一种急性传染病,其特征是突然发生高热和肺炎,有时有急性胃肠炎和皮下水肿,此病也称之为牛出血性败血症,多发于春、夏和秋季,又多为散发病。

一、症状

潜伏期为1~2天,可分为以下三种类型:

(一) 最急性型

主要呈败血症症状,体温升高达41℃~42℃,呼吸困难,常并发急性胃肠炎,经6~12小时可致死亡。

(二) 急性型

按其临床表现可分为水肿型、胸型和肠型。

1. 水肿型 多见于牦牛。

2. 胸型 病牛呼吸困难,主要呈现急性纤维素性胸膜肺炎症状,常有干痛咳或湿咳,排除浆液性鼻液,继而下痢,且混有血液。病程较慢,约3天以上。

3. 肠型 主要见于1~2岁犊牛。病牛除稍有下痢外,食欲正常,无其他症状。不久,下痢剧增,排绿色有恶臭的稀粪,病牛感到口渴。日渐消瘦、衰弱,黏膜苍白,腋下水肿。病程为21~28天。

(三) 慢性型

多由急性型转变而来,病牛食欲减退,呼吸困难,咳嗽,有黏液性或脓性鼻汁,稍有腹泻。病牛消瘦,四肢无力,行走摇摆,病程可持续数年之久。

二、预防

历年发生本病的地区或本病流行时,应定期或随时注射牛出血性败血症菌苗,体重100千克以下的牛,皮下注射4毫升,100千克以上的牛,注射6毫升。

病牛和疑似的病牛应立即隔离，进行及时的治疗。对健康的牛要注意观察，每天测体温2次，对体温升高的牛加以隔离，并注射预防量的血清，体温正常的注射菌苗。牛舍用5％漂白粉液、10％的石灰水或3％的热克辽林溶液消毒，粪便应堆积发酵处理。

疫区内的病牛的屠宰必须在指定的地点进行，凡有病变的肌肉连同内脏应就地焚烧或深埋，无病变的部分也应彻底煮沸后方可利用。牛皮加工利用之前，必须用加1％盐酸的25％食盐溶液浸泡48小时之后才安全。

三、治疗

病初，应用抗牛巴氏杆菌病血清、磺胺类药物及抗生素综合治疗，效果良好。出现肺炎时，可同时使用青霉素或链霉素。注意剂量，青霉素水剂200万～300万单位，肌内注射。此外，还须加强护理，进行必要的对症治疗。

第四节 气 肿 疽

气肿疽又叫黑腿病，是牛的一种急性传染病。病的特征是在肌肉丰满的部位发生炎性气性坏疽，触诊有捻发音。

一、病因

病原体为气肿疽杆菌，在体内外均能形成芽孢，芽孢的抵抗力很强，在泥土中可存活数年。其感染途径是以创伤或因草污染由胃肠道侵入。3月龄到1岁的牛最容易感染。这种病常在山谷或洪水泛滥的地方发生。

二、症状

潜伏期为3～7天，体温可升高至41℃～42℃。病牛精神沉郁，口渴、食欲大减，反刍减少至停止，步样跛行，在肌肉丰满的部位如臀部、股部、胸部等处发生肿胀。用手触摸时，这些部位的皮肤很敏感且有疼感，皮肤温度升高，后变冷而无痛。由于疼痛部位含有气体，当用手按揉时会发生捻发音。当切开肿胀部位时，即流出多量暗红色，含有气泡的液体，并有特殊的臭酸味。淋巴结肿大，呼吸困难，脉搏快而细，每分钟可达近百次。如果肿胀迅速增大，在18～24小时内即会死亡。

三、预防

凡曾有此病发生的地区，要坚持预防注射。每年春秋季节牛只一律要进行皮下注射气肿疽菌苗5毫升，注射后14天将产生免疫力，免疫期可达6个月。对已确诊的病牛，必须隔离治疗。对病死牛的尸体，要连同被污染的饲料以及粪尿等一起烧毁或深埋。

四、治疗

（一）注射抗气肿疽血清

在患病的12小时之内及时注射效果最好，即静脉注射或肌内注射150～200毫升。必要时，在间隔8～12小时后，再注射1次血清，如与青霉素同时应用效果更好。

（二）注射青霉素

第1次肌内注射青霉素水剂200万～300万单位，以后每隔8～12小时注射150万单位。

对于局部发生的气性肿胀，则不宜切开，以防止病菌扩散传播。可以用1%～2%的高锰酸钾溶液在肿胀部位的周围，分点进行皮下或肌内注射。

第五节 口 蹄 疫

该病是牛、羊、猪等偶蹄动物的一种具有高度传染性的急性传染病。其特征是在口腔黏膜、趾间及乳房上发生水泡和烂斑，俗称此病为"烂蹄瘟""鹅口疮"。

一、病因

本病是由口蹄疫病毒侵入动物机体内引起的。病毒可从其疱液、口涎、乳汁、粪尿、泪液等排出。痊愈的动物也能短时间的继续带毒和散毒，主要经过消化道传染，也可经黏膜、乳头及损伤的皮肤传染，有时人也能感染。本病传播迅速，流行猛烈，往往在同一时间内，牛、羊、猪等偶蹄动物一起发病，且发病数量多，难以控制，又多沿交通线向四周传播。

二、症状

牛感染口蹄疫以后，一般要经过 2～8 天才能发病，最长达 14 天。在病毒进入血液阶段，病畜体温升高至 40℃～41℃，精神沉郁，食欲减退，继而在口腔黏膜及趾间、乳头的皮肤上，发生豌豆大甚至可达蚕豆大小的水泡，以后水泡相互汇合，形成大小水泡连片的破溃。病牛流出大量的口涎，开口时可以听到吸吮音。牛在患口腔破溃的同时，趾间、蹄冠皮肤呈现热痛和肿胀，经过 1～2 天则出现水泡，破溃后形成烂斑。四肢同时患病时，牛呈现交替负重状，并经常抖动后肢，运步时呈跛行，严重的则长期伏卧，起立困难。如感染化脓或发生坏死时，蹄匣可能脱落，蹄骨出现坏死等症。

三、预防

对历年发生口蹄疫的地区，每年应对所有的牛、羊做定期的预防注射。牛、羊注射口蹄疫弱毒疫苗 14 天以后就产生免疫力，免疫期可达 4～6 个月。如已发生口蹄疫时，应及时采取病料送检定性。迅速上报，并通知友邻单位组织联合防治措施。划定疫区、严格封锁，及早就地扑灭。

对病畜及疑似病畜，要隔离治疗，并由专人护理，指定地点饲养管理。对未发病的牛、羊要进行预防注射。被病畜污染的场所及用具，要用 2% 的氢氧化钠溶液或 10% 的石灰水消毒，其病尸不可食用，皮毛应用 2% 的氢氧化钠溶液浸泡消毒。病畜的粪便要经发酵后方可使用。病畜放牧过的场所要经过两个月后方可准许健康家畜进入。在最后一头病畜治愈或死亡后，经过 14 天再无新的病例出现时，经过彻底消毒后，方可解除封锁。

四、治疗

对口腔病变可用青黛散、冰硼散或碘甘油等治疗。

蹄部和乳房的病变，可用消毒药水洗净，涂擦龙胆紫或碘甘油，也可以撒布煅石膏或锅底灰的混合物细末。

在病牛患病期间，要加强护理，投喂些容易咀嚼的饲草饲料，进行及时对症的治疗，一般均可以达到痊愈。

第六节 肝片吸虫病

本病是由肝片吸虫引起的，对牛、羊的危害性很大，并常呈地方性大流行。肝片吸虫寄生于牛肝胆管中，产生虫卵，虫卵随着胆汁进入肠内与粪便混合，排出体外，入水以后孵出小毛蚴。毛蚴在水中游动，钻入中间宿主椎实螺体内，发育成尾蚴。尾蚴继续发育离开螺体，在水中或附着在水草上形成囊蚴，囊蚴如果被牛吞食，到小肠后沿胆管或穿过肠壁和肝实质到达肝胆管内寄生。

一、症状

牛感染本虫后，多呈慢性发病。轻微或中等感染的，如膘情又较好的，一般不表现发病症状，当严重感染时则引起发病。此病又分急性型与慢性型两种。

（一）急性型

病牛有轻度发热，行动迟钝，发生腹泻，放牧时离群落后，有时可突然死亡。

（二）慢性型

此病常取慢性经过，表现食欲不振，牛体逐渐消瘦，贫血，黏膜苍白，颈下与胸腹下部出现水肿，被毛粗乱无光泽而逐渐脱落，尤以胸部和体侧部最为明显。怀孕母牛有流产情况，最后呈极度消瘦、衰弱，死后可在肝胆管内看到聚有大量的肝片吸虫。

二、预防

在疫区春秋两季，各对牛、羊驱虫1次，驱虫期间的粪便要堆积发酵处理。发动群众彻底消灭螺蛳是预防该病的较为彻底有效的方法。在水草繁殖的地方，可用生石灰、五氯酚钠或亚砷酸钙杀灭螺蛳。不在有肝片吸虫病的潮湿地上和低洼地带放牧牛、羊，也不在低湿洼地上割青草喂牛、羊，对牛的粪便应严加检查，发现有虫卵的，一定要杀死虫卵，对粪便进行堆积发酵处理。

三、治疗

用四氯化碳，牛按每100千克体重投2.5～5毫升（可根据牛体大小用5～10毫升），臀部分点肌肉注射。成年牛用药后无大反应，少数牛可出现稀便。也可以用硫氯酚，按牛每100千克体重给药4～5克，此药难溶于水，可做成舔剂，经口内服。投药后2～3天会排稀软粪便，4～5天后恢复正常。

对重症病牛应专人实行单槽喂养，多给些温盐水，少给些含脂肪饲料。驱虫3天后，如仍稀便不止，可应用呋喃西林或其他胃肠道消毒收敛剂。对瘦弱和浮肿严重的病牛，予以静脉注射25%葡萄糖溶液，以维护和恢复肝脏功能，强心解毒。

第七节 牛皮蝇蛆病

病原体为牛皮蝇及蚊皮蝇两种蝇的幼虫，由蛹羽化出来的成虫，交配后雄虫死亡，雌虫便向牛体皮薄处，如四肢、股内侧、腹两侧处产卵，雌虫产卵后死亡。虫卵孵出幼虫后，钻进皮肤。幼虫发育分为三期，第二期幼虫寄生于食管黏膜下组织，第三期幼虫寄生于背部皮下，幼虫成熟后由皮肤内钻出，落地后变成蛹，蛹可再羽化为成虫。

一、症状

雌虫在产卵时，使牛群惊恐不安，甚至狂奔（俗称跑蜂），狂奔的牛常引起流产和外伤。幼虫在牛皮肤下移行和钻出时，常引起病变部位疼痛、肿胀、流血和淌脓汁，使病牛消瘦、贫血、泌乳量下降,并严重影响皮革的质量。

二、治疗

经常检查牛背,发现皮下有成熟的疙肿时,就应用针刺死其皮内的幼虫,或用手指挤出幼虫,随即踩死,并将伤口涂碘酊。在牛背上刚刚出现硬结尚未穿孔时,涂擦3%的敌百虫水溶液,一般20天涂1次,连涂2~3次。

第八节 瘤胃积食

该病是由于牛的瘤胃内积滞过多的食物,使瘤胃容积增大,胃壁扩张,导致瘤胃运动功能紊乱的疾病,一般多见于舍饲的牛。

该病一般发生较快,采食与反刍均停止,不断的嗳气,有轻度腹痛,摇尾或后肢踢腹、拱背,有时发出呻吟声。

左腹下部轻度膨大,肷窝平满或略突出。触压瘤胃留有深浅不同的压痕,病牛表现疼痛。瘤胃蠕动音初期增强,以后减弱或停止。呼吸较促迫,黏膜常常呈蓝紫色,脉搏增数,若无并发症时,一般体温不变化。

一、病因

多因吃了过多的质量不好、粗硬、易膨胀的饲料,如草根、豆饼、块根类食物,或吃了霉败饲料,或饲养方法突然改变,或一时吃了大量干料后又饮水不足等。由于过食,使瘤胃运动功能减弱,后送功能又一时发生障碍,使大量瘤胃内容物不得排除而积聚,进而发病。

二、预防

主要在于加强饲养管理,防止过食,适当加强运动。

三、治疗

病牛须禁食1~2天,但可不限制饮水,进行瘤胃按摩或缓步运动。

药物治疗可用蓖麻油 500 毫升,煮沸后使用,或硫酸钠 400～500 克,鱼石脂 15～25 克,常水适量,让牛 1 次服用。也可以配合应用 10％的浓盐水 300～400 毫升,1 次静脉注射。心脏功能好的牛,也可以用 5％的硝酸毛果芸香碱液 2～4 毫升,1 次皮下注射。也可以用小苏打 100～250 克,常醋 250～300 毫升,加常水 3000～6000 毫升混合后灌服。心脏功能衰弱时,应及时强心补液。

如上述措施治疗无效时,可进行瘤胃切开手术。

第九节 瘤胃鼓胀症

瘤胃鼓胀症,多是由于反刍兽采食了大量容易发酵的饲料,迅速产生大量气体,而引起瘤胃急剧鼓胀的疾病。该病常发生在夏季放牧的牛群和舍饲的牛群。

一、症状

多于采食过程中或采食过后不久突然发病,病初表现不安,回视腹部,后肢踢腹,背腰拱起。腹部迅速膨大,肷窝凸出,尤以左侧更为明显,可高至髋结节或背中线。反刍和嗳气停止,触诊左肷窝部紧张而有弹性,叩诊呈鼓音,听诊瘤胃蠕动音减弱。呼吸高度困难,可视黏膜呈蓝紫色。心搏动增强,脉搏增数。后期病畜张口呼吸,步样不稳或卧地不起,如不及时治疗,很快会因窒息或心脏停搏而死亡。

二、预防

由于本病多为吃了大量易发酵的饲料,或带有露水的幼嫩多汁的青草或苜蓿草、酒糟和霜冻的草,或腐败变质的饲料等而引起的。所以,平时要对牛限量喂饲易发酵的饲料,禁止喂质量不良的草料。在由舍饲改为放牧饲养时,应逐渐进行,防止贪食过饱,及时发现及时治疗。

三、治疗

发现本病应及时治疗,治疗原则是排出气体,减轻压力,制止发酵和尽快恢复瘤胃功能。

本病发展迅速,延误治疗会很快导致死亡,故应迅速确诊及时抢救。当患牛腹围不太大时,可用涂有松馏油或大酱的木棒衔于口中,使病牛不断咀嚼,促进嗳气。当腹围显著膨大,呼吸也高度困难时,应立即进行瘤胃穿刺,放出气体。在放出气体后,当即向瘤胃内注入制止发酵的药剂,也可以内服制酵剂或健胃剂。如烟叶(50~100克)研碎,加植物油500克,用勺熬开,去火以后投入辣椒100克,炸黄为度,或内服姜酊、龙胆酊、大蒜酊等健胃剂。也可以静脉注射浓盐水,或内服莱菔子散。在鼓胀停止后,为排除瘤胃内容物,可内服缓泻剂。

第十节 胃肠炎

该病中医又称肠黄,是胃肠黏膜及其深层组织的出血性或坏死性炎症。

一、病因

多是由于吃了腐败、冰冻、脏污、不易消化或有毒的草料所引起的。突然更换草料,劳动使役过度、胃肠内有寄生虫或用药不当等都能引起发病。

二、症状

病牛初期食欲减少,后期则食欲废绝,不吃草料,精神沉郁,鼻镜干燥,口臭,口腔黏膜干涸,初期便秘,粪便上带有黏液,后期腹泻带血,恶臭味。排便时常呈里急后重,出现腹痛,发出呻吟。病牛常回视腹部,后肢踢腹,体温升高。随着病情发展,精神高度沉郁,身体消瘦,耳鼻四肢冷凉,被毛蓬乱,腹部蜷缩。

三、预防

加强饲养管理,防止投给腐烂、发霉、变质及有毒的饲料。及时治疗消化不良和各种腹痛病,防止继发本病。

四、治疗

应根据疾病发展情况,抓住消炎关,做到早发现、早确诊、早治疗,把好护理、补液、解毒和强心4个环节。在护理上,首先要设法消除病因,给病牛较柔软容易消化的饲料,并适当减少喂量,对病牛实行单独饲养1~2周。消炎杀菌是根治胃肠炎的措施。一般可用痢特灵,成牛每天2~3次,每次1~2克。或内服黄连素,成牛每天3次,每次2~4克。或内服呋喃西林,成牛每天2~3次,每次1~2克。或内服磺胺脒,成牛每天2~3次,每次15~30克。或用大蒜100克,捣碎成泥状,加水1000毫升、日服1次,现用现配。重症胃肠炎,可服合霉素,成年牛每天3~4次,每次3~5克。

补液是防止脱水和自体中毒的最好方法。补充液体不仅能调整病牛的水盐代谢,还能调节心脏和肾脏功能,能改善血液循环,稀释血中毒素和促进毒素的排除。补液用0.9%的氯化钠溶液或5%~10%的葡萄糖溶液,1次静脉注射2000~3000毫升,每天1~2次。

为了增强解毒功能,可用25%的葡萄糖溶液500毫升,40%的乌洛托品50~100毫升,1次静脉注射。

对出血性胃肠炎,除了按一般的胃肠炎处理以外,还要进行止血,即用10%的氯化钠溶液100~150毫升静脉注射。如同时肌内注射维生素K_3注射液10~15毫升,则效果更好。如腹疼明显者,可用安痛定20~30毫升肌内注射。

第十一节 流行性感冒

牛流行性感冒是一种急性传染病,其特征为高热,全身黏膜特别是呼吸道黏膜和消化道黏膜发生黏液性炎症，并常有四肢的关节炎和皮下气肿发生。

其病原体为牛流行性感冒病毒，存在于病牛的肺、气管渗出物和血液、淋巴结和骨髓中。黄牛尤为易感，特别是3～5岁的黄牛。该病多发生于春初、秋末，尤其是多雨的时候。劳役过度、营养不良、畜舍不洁和潮湿，以及感冒等都可以成为本病的诱因。该病发生后，如不及时采取措施，则传播迅速，发病率高达40%～60%，但其死亡率却很低。

一、症状

该病潜伏期为2～4天。病牛发病后体温急速上升，可达42℃，恶寒战栗，眼结膜充血，病牛呻吟，孕牛可发生流产。热持续1～4天后可下降，下颚及胸垂部出现皮下气肿，淋巴结肿大。畏光，流泪，眼睑肿胀。四肢关节肿胀，病牛起立困难。喉及支气管发生黏液性炎症，呼吸困难，咳嗽。

二、预防

平时加强饲养管理，做好畜舍的防风保暖工作。发现有病牛后应彻底检查牛群，对病牛早期做好隔离。畜舍、用具及运动场均用2%的氢氧化钠热溶液消毒。粪便堆积发酵后利用。

三、治疗

轻症则不必治疗，只要加强饲养管理及护理工作就可以痊愈。重症则要采取对症治疗，如给以退热剂、抗生素和缓泻剂等。也可以用清热、解毒、润肺、发表利湿的中药治疗。